BELLMANN · SPINNEN

Heiko Bellmann

Spinnen

beobachten – bestimmen

Neumann-Neudamm

CIP-Kurztitelaufnahme der Deutschen Bibliothek:
Bellmann, Heiko:
Spinnen: beobachten, bestimmen / Heiko Bellmann.
– Melsungen; Berlin; Basel; Wien: Neumann-Neudamm, 1984.
(JNN-Taschenführer)
ISBN 3-7888-0433-5

Das Bild auf Seite 113 oben rechts stellte uns freundlicherweise Dr. Frieder Sauer zur Verfügung, alle übrigen Farbfotos und Zeichnungen stammen vom Verfasser.

Lektorat: Dipl.-Biologe Andreas Fischer-Nagel
Umschlag-Entwurf: Johann Riedl unter Verwendung eines Fotos des Autors.
Farblithos: Druck und Verlag, Kassel.
Satz und Druck: Werbedruck KG Horst Schreckhase, Spangenberg
Buchbinderische Verarbeitung: Verlagsbuchbinderei Willy Keller, Kleinlüder.

ISBN 3-7888-0433-5

VORWORT

Unsere Spinnen sind faszinierende Wesen, die jeden, der sich einmal näher mit ihnen befaßt, in ihren Bann ziehen. Wer einmal alle Vorurteile vergißt und einer Springspinne beim Beutefang oder einer Kreuzspinne beim Netzbau zuschaut, wird begeistert sein. Wer dann schließlich beobachtet, wie eine Wolfspinne die ganze Schar ihrer Jungen auf dem Hinterleib trägt oder eine Kugelspinne ihre Brut von Mund zu Mund füttert, wird endgültig vom „Erreger der Spinneneuphorie" infiziert sein. Ähnlich erging es auch mir seinerzeit, und so reifte allmählich der Wunsch, die vielen kleinen Wunder, die es tagtäglich in der Welt der Spinnen zu entdecken gibt, auch anderen zu vermitteln. Leider ist es heute noch immer so, daß die überwiegende Mehrheit unserer Mitbürger Spinnen als lästig, vielleicht sogar als gefährlich empfindet. Man übersieht dabei, daß auch unsere Spinnen im Kreislauf der Natur eine wichtige Rolle als Vertilger unzähliger Insekten spielen. Vielleicht gelingt es mit diesem Buch, Vorurteile abzubauen und damit dem zu Unrecht verfehmten Geschlecht der Spinnen neue Freunde zuzuführen.

Eine ernsthafte Beschäftigung mit den Spinnen und ihrer Lebensweise ist nicht ganz einfach, da das Bestimmen der meisten Arten nur mit dem Mikroskop und auch erst nach langer Einarbeitung möglich ist. Bei der großen Zahl bekannter Arten ist es außerdem unmöglich, ein Bestimmungsbuch auf Artbasis im Taschenbuchformat herauszubringen. Mit dem vorliegenden Buch ist es aber möglich, alle Spinnen bis zur Familie zu bestimmen. Daneben werden bei den einzelnen Familien häufige und markante Vertreter abgebildet, so daß in vielen Fällen auch durchaus Arten angesprochen werden können. Leider ist es unumgänglich, wissenschaftliche Namen zu verwenden, da es nur für wenige Spinnen deutsche Namen gibt. Das gleiche gilt für die Benennung der einzelnen Körperteile. Ich habe mich aber bemüht, alle Begriffe im Einführungsteil zu erklären; darüberhinaus findet sich am Schluß des Buches ein Verzeichnis der Fachausdrücke mit Erläuterungen.

Ich danke zahlreichen Freunden und Kollegen, die mir durch Rat und Tat zur Seite standen. Besonderen Dank schulde ich Herrn A. Fischer-Nagel vom Neumann-Verlag, der es mir ermöglicht hat, den lange gehegten Wunsch eines allgemeinverständlichen Spinnenbuches zu verwirklichen.

Ulm, im Januar 1984 Heiko Bellmann

INHALT

Allgemeiner Teil

Vorkommen, Systematische Stellung und Körperbau

Die Spinnen, ein uraltes Geschlecht der Gliederfüßer, besiedeln nahezu alle Lebensräume des Landes, z. T. die Oberflächen der Gewässer und mit einer Art – der Wasserspinne – sogar das nasse Element selbst. Als Vertilger zahlloser Insekten sind sie wichtige Glieder zahlreicher Nahrungsketten. Die meisten der etwa 30 000 Arten bewohnen die Tropen und Subtropen; bei uns kommen immerhin über 800 Arten vor.
Zusammen mit einigen verwandten Tiergruppen, den Skorpionen, Pseudoskorpionen, Weberknechten und Milben, bilden die Spinnen die Tierklasse der Spinnentiere *(Arachnida)*. Diese wiederum stellt mit den Klassen der Krebse und Insekten zusammen den Tierstamm der Gliederfüßer *(Arthropoda)*, der mit etwa einer Million bekannter Arten alle anderen Tierstämme in ihrer Artenzahl weit übertrifft.
Die wichtigsten gemeinsamen Merkmale der Spinnentiere sind ihre Körpergliederung und die Zahl der Extremitäten am Vorderkörper.

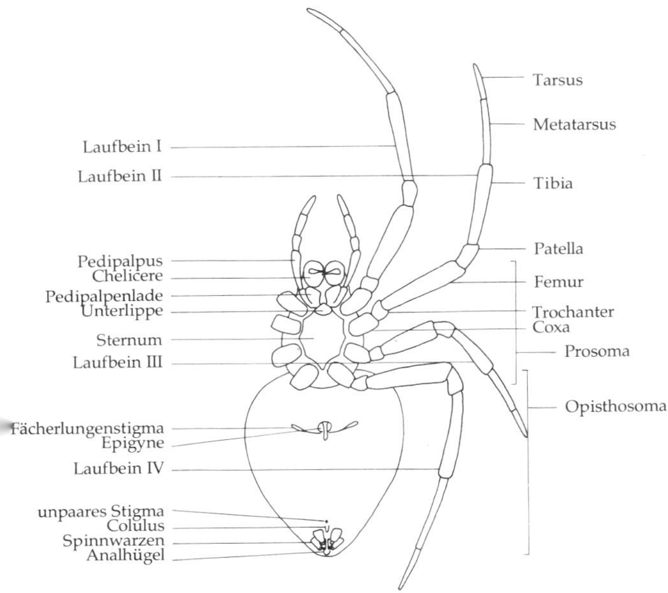

Abb. 1: Körpergliederung einer Radnetzspinne (*Araneus diadematus*) Laufbeine nur auf einer Körperseite gezeichnet.

Der Körper der Spinnentiere gliedert sich in zwei Abschnitte: einen Vorderkörper (Prosoma) und einen Hinterkörper (Opisthosoma). (Die ebenfalls gebräuchlichen Bezeichnungen Cephalothorax und Abdomen sind nicht ganz korrekt, da sie sich auf die nicht homologe, d. h. anders hergeleitete Körpergliederung der Krebse und Insekten beziehen.) Bei einigen Spinnentieren erfährt diese Zweiteilung des Körpers Abwandlungen. So ist z. B. bei den Skorpionen das Opisthosoma sekundär untergliedert in ein Mesosoma (das dem Prosoma in voller Breite ansitzt) und ein schmales Metasoma, das als schwanzartiger, beweglicher Fortsatz des Körpers entwickelt ist und an seinem Ende den Giftstachel trägt.

Das Prosoma trägt stets 6 Paar Extremitäten. Die erste Extremität wird als Chelicere, die folgende als Pedipalpus bezeichnet. Die weiteren 4 Gliedmaßenpaare sind Laufbeine.

Die Cheliceren bestehen bei den Spinnen (auf die sich alle folgenden Ausführungen beziehen) aus einem massiven Grundglied und einem klauenförmigen, beweglichen Scherenfinger, vor dessen Spitze im allgemeinen Giftdrüsen ausmünden. Die Cheliceren können in zweierlei Weise angeordnet sein. Bei den Orthognatha, den Vogelspinnen im weiteren Sinne, liegen die Grundglieder in Verlängerung der Körperlängsachse, also gerade nach vorn gestreckt; die Giftklauen werden parallel zueinander nach unten und hinten eingeschlagen. Bei den Labidognatha – hierzu zählen alle übrigen Spinnen – ragen die Grundglieder rechtwinklig nach unten oder schräg nach vorn; die Giftklauen zeigen mit den Spitzen zueinander und überkreuzen sich manchmal sogar.

Die Pedipalpen sind laufbeinähnlich, nur kürzer und haben Tasterfunktion. Bei den Männchen besitzt das letzte Glied des Palpus einen oft sehr kompliziert gebauten Fortsatz, den Bulbus. In ihm liegt ein gewundener Samenschlauch. Der Bulbus dient dem Spinnenmännchen als Begattungsorgan (s. Kap. Balz und Paarung).

Die Laufbeine gliedern sich (vom Körper aus) in die Abschnitte Coxa, Trochanter, Femur, Patella, Tibia, Metatarsus und Tarsus. Damit besitzen Spinnenbeine gegenüber Insektenbeinen ein zusätzliches Glied, die Patella. Dies hat eine vielseitigere Beweglichkeit der Beine zur Folge. An der Spitze des Tarsus finden sich 2 oder 3, meist kammförmige Krallen. Daneben sind die Beine mit zahlreichen Haaren, Borsten und Dornen ausgestattet. Neben Tasthaaren sind besondere „Hörhaare“, die Trichobothrien, entwickelt. Dies sind beweglich gelagerte, mit einer Nervenzelle verbundene, dünne Haare. Schon leichte Luftbewegungen, selbst Schallwellen genügen zu ihrer Auslenkung und damit zur Erregung der Nervenzelle.

Zwischen den Coxen (Hüften) der Beine liegt als Rest der Bauchsegmente eine einheitliche Bauchplatte, das Sternum. Von diesem ist vorn ein Fortsatz als Unterlippe abgeschnürt. Diese Unterlippe schließt gemeinsam mit Fortsätzen (Laden) der Pedipalpencoxen den Mundvorraum nach unten ab. Die Nahrung wird durch Verdauungssäfte vor dem Mund verflüssigt und durch den als Saugpumpe arbeitenden Vorderdarm aufgesogen.

Auf der Oberseite des Prosoma liegen vorn die Augen, die stets als Punktaugen (Ocellen) entwickelt sind. Unsere heimischen Spinnen besitzen 6 oder 8 Augen, die in unterschiedlicher Weise angeordnet und verschieden groß entwickelt sein können. Die Augen geben ein gutes Merkmal zum sicheren

Ansprechen vieler Spinnenfamilien ab. Bei den Dysderiden (Sechsaugenspinnen) sind z. B. nur 6 gleichgroße Augen entwickelt, die in zwei mit den Spitzen oder Basen zueinander weisenden Dreiecken an der Stirn angeordnet sind. Bei den Lycosiden (Wolfspinnen) finden wir 8 Augen in 3 Querreihen hintereinander: vorn eine Reihe von 4 sehr kleinen Augen, dahinter zwei Reihen von je zwei recht großen Augen. Ähnlich markant sind die Augen beispielsweise auch bei den Salticiden (Springspinnen), Oxyopiden (Luchsspinnen) oder Pholciden (Zitterspinnen) angeordnet. Es bleiben dennoch viele Spinnenfamilien mit gleichartiger Augenanordnung: zwei Querreihen aus je 4 kleinen Augen, wie dies etwa für die Araneiden (Radnetzspinnen) und Linyphiiden (Baldachinspinnen) typisch ist. Entsprechend ihrer unterschiedlichen Größe variiert das Leistungsvermögen der Spinnenaugen sehr. Während die punktförmigen Augen der Gartenkreuzspinne höchstens zu diffusem Silhouettensehen geeignet sind, können Springspinnen mit ihren stark vergrößerten Frontalaugen detailreiche, scharfe Bilder empfangen – dies allerdings nur im Nahbereich. Bei den Springspinnen läßt sich außerdem eine Aufgabenteilung der verschiedenen Augen beobachten. Wenn die Spinne mit ihren weniger leistungsfähigen Seitenaugen eine Bewegung seitlich ihres Körpers wahrgenommen hat, wendet sie sich so weit, bis das bewegte Objekt in den Sichtbereich der Frontalaugen gerät.
Während das Prosoma voll ausgebildete Extremitäten trägt, finden wir am Opisthosoma der Spinnen nur abgewandelte Rudimente von solchen. Hierzu gehören als wichtigste Atemorgane die Fächerlungen. Diese sind entwicklungsgeschichtlich aus blattförmigen Ausstülpungen an Hinterleibsextremitäten entstanden, die später in Körperhohlräume verlagert wurden. Sie sind meist in Zweizahl entwickelt und stehen durch je ein Stigma mit der Außenluft in Verbindung. An der Oberfläche der wie Blätter eines Buches übereinanderliegenden Fächer findet der Luftaustausch statt. Zusätzlich zu diesen Fächerlungen ist bei den meisten Spinnen ein Paar schlauchförmiger Tracheen entwickelt, die sich vereinigen und mit einem gemeinsamen Stigma meist kurz vor den Spinnwarzen ausmünden.
Neben den Fächerlungen sind als weitere Abwandlungen opisthosomaler Extremitäten die Spinnwarzen entwickelt. Die Spinnwarzen entstehen in der Embryonalentwicklung aus zwei Extremitätenpaaren. Die vier Extremitätenanlagen teilen sich bei der weiteren Entwicklung, so daß sich zwei Querreihen mit je 4 Spinnwarzen bilden. Von diesen 8 Spinnwarzen ver-

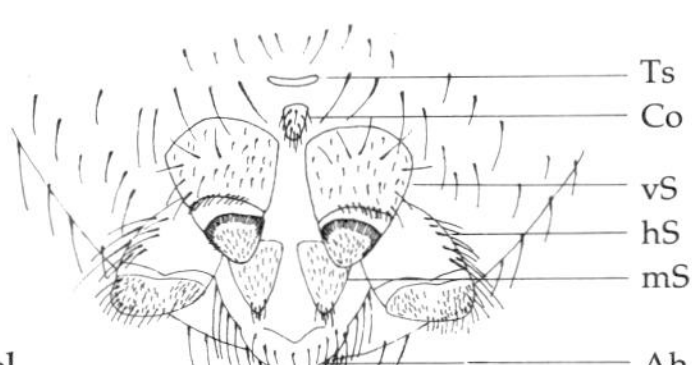

Abb 2: Spinnwarzenregion (*Araneus diadematus*); Ah Analhügel Co Colulus, vS, mS, hS vordere, mittlere, hintere Spinnwarzen, Ts unpaares Tracheenstigma.

schmilzt das vordere mittlere Paar später wieder und wird schließlich auf zweierlei Weise abgewandelt. Bei der überwiegenden Zahl der Spinnen, den Klebfadenweberinnen (Ecribellatae), wird es zum Colulus, einem funktionslosen, kleinen Zapfen vor den Spinnwarzen, reduziert. Bei den Kräuselfadenweberinnen (Cribellatae) dagegen erfährt es eine neue Aufgabe. Hier bildet sich als Abkömmling des vorderen medianen Spinnwarzenpaares das Spinnsieb oder Cribellum.

Das Cribellum, eine einheitliche oder quergeteilte Platte vor den Spinnwarzen, besitzt auf seiner Oberfläche zahlreiche kleine Spinnspulen. Diese erzeugen feine, stark gekräuselte Fäden, die mit dem Calamistrum oder Kräuselkamm, einer ebenfalls nur bei den Cribellaten vorhandenen Bildung, auf die Fangfäden des Netzes gelegt werden. Das Calamistrum besteht aus einer oder zwei Reihen starrer, gebogener Borsten an den Metatarsen der Hinterbeine.

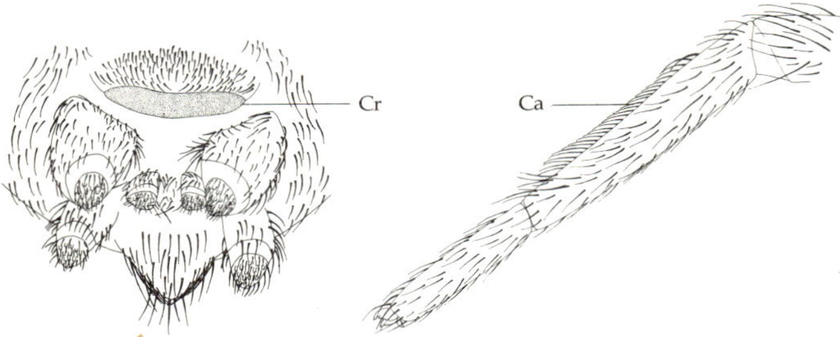

Abb. 3: Spinnwarzenregion und Hinterbeinspitze einer cribellaten Spinne *(Dictyna arundinacea);* Cr Cribellum, Ca Calamistrum.

Die Spinndrüsen liegen im Innern des Opisthosoma. Man kann verschiedene Drüsenkomplexe zur Produktion jeweils anderer Spinn- und Klebsubstanzen unterscheiden. Die Spinne kann ganz nach den Erfordernissen zwischen glatten, gekräuselten, klebrigen oder unterschiedlich gefärbten Fäden die jeweils gewünschte Sorte auswählen. Der Wechsel zwischen verschiedenen Fadentypen läßt sich besonders bei der Herstellung eines Eikokons gut beobachten.

Hinter den Spinnwarzen mündet im Analhügel der After. Zwischen den beiden Fächerlungenstigmen liegt die Genitalöffnung. Die Weibchen der haplogynen Spinnen zeigen hier keine besonderen Bildungen. Bei den höher entwickelten entelegynen Spinnen dagegen finden sich vor der Genitalöffnung mannigfach gestaltete Armierungen, die als Epigyne bezeichnet werden. Die Epigyne ist so geformt, daß jeweils nur der artgleiche männliche Pedipalpus mit seinem entsprechend geformten Fortsatz in die Genitalöffnung „paßt". Epigyne und männliche Palpen sind also bei den entelegynen Spinnen artspezifisch geformt und damit oft ein wichtiges Bestimmungsmerkmal. Die haplogynen Spinnen besitzen viel einfacher geformte männliche Taster.

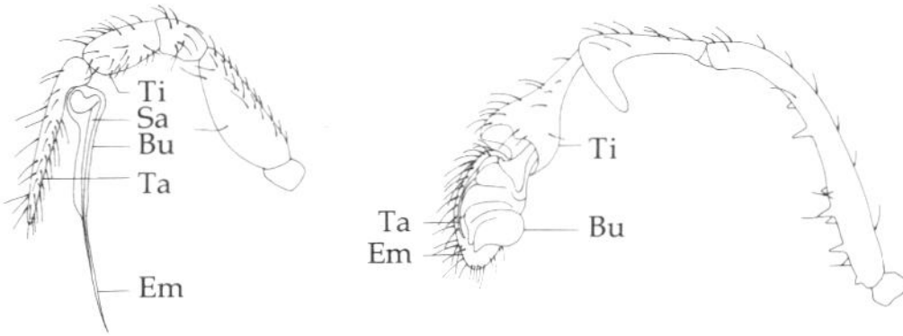

Abb. 4: Pedipalpus eines haplogynen (*Scytodes thoracica*, links) und eines entelygnen Spinnenmännchens (*Erigone atra*, Fam. Linyphiidae, rechts);
Bu Bulbus, Em Embolus, Sa Samenschlauch, Ta Tarsus, Ti Tibia.

Abb. 5: Epigynen von zwei Spinnenweibchen (*Araneus diadematus*, links, und *Araneus umbraticus*, rechts).

Im Prosoma der labidognathen Spinnen liegen paarige Giftdrüsen. Bei den orthognathen Spinnen befinden sie sich in den Grundgliedern der Cheliceren. Den Kräuselradnetzspinnen (Uloboridae) fehlen Giftdrüsen völlig; die Speispinne (Scytodes) besitzt außer kleinen Giftdrüsen zusätzliche Spinndrüsen, die in den Chelicerenklauen ausmünden. Es gibt nur wenige Spinnen mit gefährlichen Giften. Dabei handelt es sich meist um kleinere Arten, wie etwa die berüchtigte Schwarze Witwe Nordamerikas. Die furchterregenden Vogelspinnen sind in aller Regel völlig harmlos – sie töten ihre Beute (meist Insekten) mechanisch durch die Kraft ihrer gewaltigen Cheliceren, weniger durch Giftwirkung. Unter den heimischen Spinnen besitzt nur der Dornfinger *(Cheiracanthium punctorium)* eine erwähnenswerte Giftigkeit. Sein Biß kann Übelkeit, Schüttelfrost und vorübergehende Lähmungserscheinungen hervorrufen. Die übrigen Arten besitzen entweder zu kurze Chelicerenklauen, die die menschliche Haut nicht durchdringen (z. B. die Gartenkreuzspinne), oder ihr Biß entspricht allenfalls einem Mückenstich.

Abbildungen der folgenden Doppelseite:
Entstehungsschritte eines Spinnennetzes *(Cyclosa conica)*,
Wiblingen OS X. 76

Seite 12, o. l.:	Erste Speichen und die Rahmenfäden sind gespannt.
Seite 12, o. r.:	Alle Speichen sind fertig, die Nabe ist befestigt.
Seite 12, u. l.:	Die Hilfsspirale ist eingebaut.
Seite 12, u. r.:	Die ersten Umgänge der Fangspirale sind befestigt, die Hilfsspirale ist teilweise abgebaut.
Seite 13:	Das Netz ist fertig.

Netzbauverhalten, Beutefang

Viele Spinnen fangen ihre Beute, indem sie regungslos lauern oder sich anpirschen. Hierzu gehören u. a. fast alle Lycosiden (Wolfspinnen), die Thomisiden (Krabbenspinnen), Salticiden (Springspinnen) und Clubioniden (Sackspinnen). Die tagaktiven Jäger finden ihre Beute durch ein oft gut entwickeltes Sehvermögen, nachtaktive wie die Clubioniden müssen sich auf ihren Tastsinn verlassen: wenn die Beute eines der Spinnenbeine berührt, greifen sie blitzschnell zu.

Die meisten Spinnen aber stellen spezielle Netze her, um damit Beute zu fangen. Diese Netze können sehr verschiedene Formen haben: Trichternetze, Haubennetze, Baldachinnetze und Radnetze sind die markantesten und verbreitetsten Typen. Daneben gibt es mehr oder weniger unregelmäßige Fanggespinste. Am Beispiel eines Radnetzes soll die Entstehung eines Spinnennetzes geschildert werden.

Die Spinne läßt zunächst aus ihren Spinnwarzen einen Faden austreten, der vom Wind transportiert wird. Bald bleibt er an einer benachbarten Pflanze haften. Daraufhin zieht die Spinne ihn stramm und befestigt ihn an ihrer Warte. Nun läuft sie an diesem bis zu seiner Mitte, von wo aus sie sich „abseilt"; den dabei entstandenen Faden befestigt sie in Bodennähe. Sie zieht auch diesen Faden stramm, so daß die zwei Fäden jetzt die Form eines „Y" bilden. Die Spinne ergänzt die drei nunmehr fertigen, ersten Radien des späteren Radnetzes durch weitere. Wenn etwa 4-8 Radien fertig sind, zieht sie zwischen ihnen den Rahmenfaden, der etwa die Größe des späteren Fangbereichs markiert. Danach spannt sie weitere Radien von der Nabe zum Rahmenfaden und befestigt die Nabe mit einem engmaschigen Gewebe. Nachdem alle Radien fertiggestellt sind, legt die Spinne darüber einen langen Faden, indem sie in Form einer Spirale von der Nabe bis zum Rahmen wandert. Die so entstandene Fadenspirale ist jedoch noch nicht die endgültige Fangspirale, sondern erst die Hilfsspirale, die der Stabilisierung des halbfertigen Netzes dient. Im letzten Arbeitsgang stellt sie jetzt die Fangspirale her, die mit klebrigen Leimtropfen versehen ist. Hierbei bewegt sie sich ebenfalls in einer Spirale, jetzt aber von außen nach innen, und verzehrt gleichzeitig die zuvor hergestellte Hilfsspirale.

Wenn man an einem nebligen September- oder Oktobermorgen einen Fichtenforst besucht, wird man überall an den unteren, toten Zweigen fertige, halbfertige und gerade angefangene Radnetze finden, an denen sich leicht die Entstehung rekonstruieren läßt. Meist wird es sich dabei um Netze halbwüchsiger Kreisspinnen *(Cyclosa conica)* handeln.

Viele Radnetzspinnen, wie Cyclosa und Argiope, sitzen stets im Netzzentrum. Wenn eine Beute ins Netz fliegt, verrät sie der Spinne durch Erschütterungen ihre Richtung vom Netzzentrum aus. Die Spinne kann daher das Beutetier zielgerichtet aufsuchen, ihren Giftbiß anbringen und das Opfer in Spinnfäden einwickeln. Andere Radnetzspinnen, z. B. *Araneus quadratus* und *A. marmoreus,* halten sich in einem getarnten Schlupfwinkel, der Retraite, seitlich vom Netz auf. Sie werden durch einen Signalfaden, der zwischen der Nabe und ihrem Schlupfwinkel ausgespannt ist, von den Geschehnissen im Netz unterrichtet.

Balz und Paarung

Vor der Paarung spinnt das Männchen zunächst ein Spermanetz. Dieses hat meist die Form einer Fadengabel mit einem kleinen, dreieckigen Gespinst in der Gabelung. Das Spinnenmännchen gibt aus der Genitalöffnung einen Spermatropfen auf das Gespinst ab und saugt diesen Tropfen anschließend mit seinem Bulbus, dem Tarsal-Anhang des Pedipalpus, auf. Jetzt ist es paarungsbereit und sucht nach einem Weibchen.
Der eigentlichen Paarung geht oft eine längere Balz voraus. Bei den Radnetzspinnen spannt das Männchen meist einen speziellen Werbe- und Begattungsfaden zum Netz des Weibchens und gibt auf diesem Faden Zupfsignale. Ein paarungswilliges Weibchen hängt sich reglos an diesen Faden und gestattet dem Männchen das Einführen des Bulbus in die Genitalöffnung. Bei optisch jagenden Spinnen, etwa Wolfspinnen und Springspinnen, kommt es meist zu ausdrucksvollen Balztänzen der Männchen, bei denen diese bestimmte, kontrastreich gezeichnete Körperteile, z. B. die Pedipalpen, winkend dem Weibchen präsentieren. Die Listspinne *(Pisaura mirabilis)* bietet eine gefangene, eingesponnene Fliege an, um so das Weibchen vom möglichen Gattenmord abzulenken.
Die Paarung selbst kann in unterschiedlicher Weise erfolgen. Bei den haplogynen Spinnen, also den Spinnen ohne Epigyne, kriecht das Männchen von vorn unter den Körper des Weibchens und führt meist beide Tasterbulben gleichzeitig in die weiblichen Samentaschen ein. Etwas komplizierter sind die Verhältnisse bei den entelegynen Spinnen. Hier verankert das Männchen den kompliziert gebauten Bulbus eines Tasters an Fortsätzen der Epigyne und führt nur die Bulbusspitze, den Embolus, in eine der beiden Samentaschen ein. Dann schwillt die Tasterblase, die Haematodocha, an, entfaltet den in Ruhelage spiralig zusammengerollten Bulbus und dreht den Embolus tief ins Innere der Samentasche. Während bei vielen Spinnen die Haematodocha nur einmal anschwillt und anschließend wieder kollabiert, pulsiert sie bei anderen Arten (z. B. bei den Linyphiiden) mehrfach, bevor sich der erste Taster löst und dann der zweite zum Einsatz kommt.
Bei den meisten netzbauenden entelegynen Spinnen findet die Paarung in hängender Stellung statt; das Männchen nähert sich von vorn und oben. Bei den freijagenden entelegynen Arten dagegen paaren sich die Tiere auf einer Unterlage, indem das Männchen von vorn den Rücken des Weibchens besteigt, sich dann seitlich am Hinterkörper herabgleiten läßt und einen Taster einführt.

Abbildung Seite 16: Balz und Paarung
Das Männchen der Wespenspinne *(Argiope bruennichi)* (unten) nähert sich vorsichtig dem Weibchen, Allmendingen SA 4. 8. 81

Abbildung Seite 17:
Paarung von *Dysdera erythrina,* (Barterode SN) 1. 4. 77
Paarung von *Tetragnatha extensa;* das Männchen (rechts) ergreift die Cheliceren des Weibchens, Rotenburg LH VI. 75

Nach der Paarung trennen sich die Partner meistens friedlich. Es gibt aber auch Arten, etwa die Wespenspinne, bei denen das Weibchen vorzeitig aus seiner lethargischen Paarungsstarre erwacht und jetzt das Männchen als willkommene Beute erkennt. Besonders raffiniert liegen in diesem Zusammenhang die Verhältnisse bei den Streckerspinnen (Tetragnatha). Männchen wie Weibchen verfügen hier über besonders lange, weit gespreizte Cheliceren, das Männchen über zusätzliche, zahnartige Fortsätze an den Grundgliedern. Es umgreift während der Paarung mit seinen Cheliceren die des Weibchens, wobei die weiblichen Cheliceren mit Hilfe der männlichen Giftklauen genau in die Lücken zwischen die Fortsätze der Grundglieder gedrückt und auf diese Weise festgelegt werden. So verhindert das Streckerspinnenmännchen sehr wirksam sein vorzeitiges Ableben.

Eiablage und Kokonbau

Nach der Paarung schwillt der Hinterkörper des Spinnenweibchens im Verlauf einiger Wochen stark an. Dann erfolgt die Eiablage. Die Eier werden aber nicht frei abgelegt, sondern in Spinnfäden eingehüllt. Manche Spinnen (z. B. Scytodes, Pholcus) verwenden nur wenige Fäden, andere stellen mehr oder weniger aufwendige, z. T. aus vielen Fadenlagen bestehende Eikokons her. Im folgenden wird am Beispiel der Wespenspinne die Herstellung eines Eikokons beschrieben (s. auch CROME 1961, BECKER 1983).
An einem Septemberabend verläßt das Spinnenweibchen mit Einbruch der Dämmerung (oder auch später) sein Fangnetz und webt in der Nähe einige Grashalme mit einem horizontalen Fadengerüst zusammen. Dann webt die Spinne zwischen diese Fäden eine scheibenförmige, weiße Gespinstplatte, die Kokondecke. Darunter entsteht aus lockeren, braunen Fadenschlingen der zylindrische Eiballensockel. Erst jetzt, etwa eine Stunde nach Beginn der Spinntätigkeit, quillt aus der Genitalöffnung der Spinne ein gelber Flüssigkeitstropfen mit einigen hundert Eiern darin. Sie preßt den Eiballen von unten gegen den Eiballensockel, wo er haften bleibt. Die Eiablage dauert etwa drei Minuten. Danach überzieht die Spinne das Eipaket mit einer glatten, weißen Gespinstlage, diese wiederum mit einer Schicht gekräuselter, brauner Fäden. Bei diesem Arbeitsschritt wächst das Volumen des Kokons schnell an. Sobald er etwa seine endgültige Größe erreicht hat, wechselt die Spinne wieder zu weißen Fäden und spinnt damit die feste, äußere Kokonwand. Zum Schluß befestigt sie dunkle Gespinstbänder auf der Wand des Kokons und verankert ihn durch zusätzliche Fäden in der umgebenden Vegetation. Die gesamte Kokonherstellung dauert unter günstigen Bedingungen etwa vier Stunden, kann aber bei kühlem Wetter auch wesentlich mehr Zeit in Anspruch nehmen. Die Spinne kehrt am nächsten Tag zu ihrem Fangnetz zurück und kann in der Folgezeit noch weitere Eikokons spinnen. Die Eizahl wird dabei mit jedem Mal geringer.

Jugendentwicklung

Im Fall der Wespenspinne schlüpfen die Jungspinnen noch im Herbst aus den Eiern. Sie bleiben aber im Eikokon bis zum nächsten Frühjahr, ohne Nahrung aufzunehmen. Durch die dicken Fadenlagen des Kokons sind sie vor Kälte gut geschützt. Im Mai des folgenden Jahres verlassen sie ihre Winterbehausung und beginnen selbst mit der Netzherstellung.
Während Wespenspinnen niemals Kontakt zu ihren Nachkommen haben, erleben viele andere Spinnenweibchen noch das Ausschlüpfen der Jungen. Lycosiden (Wolfspinnen) tragen ihre Jungen auf dem Hinterleib umher, Pisauriden (Raubspinnen) bewachen sie in speziellen Gespinsten. Bei manchen Spinnen, so bei bestimmten Theridiiden (Kugelspinnen), bei Ceolotes und Eresus, werden die Jungspinnen sogar gefüttert und leben lange Zeit gemeinsam mit der Mutterspinne.
Sobald Jungspinnen sich selbständig machen, sind sie bestrebt, sich von ihrem Geburtsort zu entfernen. Sie erklimmen hochaufragende Gegenstände, wie Zaunpfähle oder Büsche, stellen sich hochbeinig auf und lassen einen Faden aus den Spinnwarzen austreten. Der Faden flutet im Wind, wird immer länger und trägt schließlich die Spinne durch die Luft fort. Diese Erscheinung, die besonders an sonnigen Hebsttagen sehr auffällig sein kann, wird allgemein als ,,Altweibersommer" bezeichnet. Man kann fliegende Spinnen aber auch zu anderen Jahreszeiten antreffen. Auch adulte, kleine Spinnenarten, besonders Vertreter der Erigoninae (Zwergspinnen), fliegen häufig am Faden. So besiedeln Spinnen schnell neu entstandene Lebensräume und können in kurzer Zeit weite Landstriche erobern. Ein Beispiel aus jüngster Zeit ist hierfür die Wespenspinne.
Als Arthropoden müssen Spinnen sich von Zeit zu Zeit häuten, um wachsen zu können. Sie heften sich dafür meist mit dem Rücken nach unten an ihren Spinnwarzen fest. Dann klappt die Rückenplatte des Prosoma ab, und die noch weiche Spinne arbeitet sich aus der zu klein gewordenen Haut hervor. Bis zur Aushärtung hängt sie mit Hilfe ihrer Spinnwarzen an der leeren Hülle, der Exuvie. Mit jeder Häutung nimmt die Körpergröße sprunghaft zu; zwischen den Häutungen vergrößert sich nur das weichhäutige Opisthosoma. Um erwachsen zu werden, muß sich eine Spinne etwa zehnmal häuten.

Abbildungen der folgenden Doppelseite:
Eiablage und Kokonbau bei der Wespenspinne *(Argiope bruennichi)*, Allmendingen SA 15. u. 16. 9. 78

Feinde der Spinnen

Spinnen werden von zahlreichen anderen Tieren gefressen, so von Vögeln, Fröschen oder Eidechsen. Viele fallen anderen Spinnen zum Opfer, nicht selten den eigenen Artgenossen. So ist bei manchen Arten, etwa der Wespenspinne, der Gattenmord die Regel. Daneben gibt es auch Spinnen, die darauf spezialisiert sind, andere Spinnen zu erbeuten. In der heimischen Fauna sind es die Arten der Gattung Ero, die sich ausschließlich von anderen Spinnen ernähren.

Eine Vielzahl verschiedener Insekten – die ja sonst die Hauptbeute darstellen – hat sich ebenfalls auf Spinnennahrung spezialisiert. Kleine, bucklige Fliegen der Gattung Ogcodes leben z. B. als Larven im Spinnenkörper und fressen diesen völlig leer. Manche Schlupfwespen (Familie Ichneumonidae) legen ihre Eier an Spinnen ab. Die ausgeschlüpften Larven heften sich außen am Opisthosoma fest und saugen dieses allmählich aus. Besonders Kugelspinnen sieht man öfter mit derartigen Parasiten auf dem Hinterkörper. Kurz vor der Verpuppung saugt die Schlupfwespenlarve den Spinnenkörper vollends leer und verpuppt sich daneben in einem Kokon. Andere Schlupfwespenarten parasitieren in Eikokons von Spinnen.

Eine Wespenfamilie, die Wegwespen (Pompilidae), hat sich mit allen Arten – bei uns gibt es ca. 80 – auf Spinnen als Nahrung für ihre Brut eingestellt. Die Vertreter dieser Familie sind meist schwarz oder schwarz und rot gefärbt. Besonders in Sandgebieten kann man sie, auf der Suche nach Spinnen sehr flink umherlaufend beobachten. Haben sie ein Opfer gefunden, kommt es zu einem kurzen Kampf, den die Wespe durch einen gezielten Stich ins Bauchmark der Spinne für sich entscheidet. Danach transportiert die Wegwespe die gelähmte – nicht getötete – Spinne zu ihrem Nistplatz. Die meisten Arten laufen beim Spinnentransport sehr behende rückwärts, der abgebildete *Pompilus plumbeus* jedoch vorwärts.

Hat die Wespe einen für den Nestbau geeigneten Ort gefunden, legt sie die Spinne zunächst ab und scharrt manchmal etwas Sand darüber. Dann beginnt sie, einen schräg in den Boden hinabführenden Gang zu graben. Sie erweitert das Ende zu einer Kammer, nimmt die Spinne wieder auf und zieht sie in ihr Nest. Dort legt sie ein Ei auf die reglose Spinne und verschließt den Gang wieder. Bereits nach etwa 14 Tagen hat die Wespenlarve ihren Nahrungsvorrat aufgezehrt und sich in einen Kokon eingesponnen. Als Nahrung für eine Larve wird immer nur eine Spinne eingetragen. Daher sieht man Wegwespen oft mit gewaltig großen Spinnen als Beute.

Etwas anders liegen die Verhältnisse bei den nahe verwandten Grabwespen (Sphecidae). Auch in dieser Familie gibt es einige Spinnenjäger, die aber immer mehrere Beutetiere für eine Larve in ein bereits vorher fertiggestelltes Nest eintragen. Die Beute ist entsprechend kleiner und kann meistens im Flug transportiert werden.

Sammeln und Halten von Spinnen

Zum Sammeln von Spinnen benötigt man zunächst einmal Sammelgläschen. Am besten eignen sich Glas- oder, noch besser, Plastikröhrchen mit dicht schließendem Deckel. In solchen Gefäßen werden die Spinnen einzeln transportiert; kleinere Arten können darin auch lange Zeit gehalten werden. Der Luftvorrat reicht für einige Tage, so daß der Deckel durchaus nicht durchlöchert sein muß.

Man kann Spinnen mit der Hand fangen oder durch das Überstülpen eines Sammelgläschens. Bei sehr kleinen Spinnen erweist sich ein Exhaustor als außerordentlich nützlich. Seine Bestandteile sind ein Sammelgefäß, ein Korken mit zwei Bohrungen und zwei Glasrohre in diesen Bohrungen. Das eine Glasrohr ist gebogen und mit einem etwa 50 cm langen Schlauch versehen, das andere, gerade Glasrohr sollte etwa 5 cm über den Rand des Korkens überstehen. Die Funktionsweise besteht darin, daß man das Ende des Schlauches in den Mund nimmt und Luft ansaugt. Dadurch wird im geraden Glasrohr ein Ansaugdruck erzeugt, der kleine Spinnen und andere Arthropoden in das Fanggefäß zieht. Damit die gefangenen Tiere nicht bis in den Schlauch gelangen, muß natürlich ein feines Sieb vor der inneren Öffnung des gebogenen Glasrohres den weiteren Weg versperren. Außerdem sollte man etwas Zellstoff in das Fanggefäß tun, da sich zarte Spinnen sonst durch den Aufprall auf die Gefäßwand verletzen. Wenn jetzt der Exhaustorkorken auf die Öffnung der Sammelgläschen paßt, kann man schnell die gefangene Spinne zudeckeln und den Exhaustor durch ein neues Gläschen wieder fangbereit machen.

Ein weiteres, nützliches Fangutensil ist der sogenannte Klopfschirm. Es handelt sich dabei um einen weißen Leinenschirm etwa vom Durchmessers eines Regenschirms, der durch einen zusammenklappbaren, runden Drahtbügel gespannt wird. Diesen Klopfschirm hält man mit einem seitlich angebrachten Griff unter die Zweige eines Baumes und klopft mit einem Stock gegen diese. Spinnen und andere Arthropoden lassen sich herunterfallen und sind auf dem weißen Schirm jetzt sehr gut sichtbar. Auf diese Weise erhält man zahlreiche, verborgen im Geäst lebende Spinnen, die man im Vorbeigehen übersieht. Notfalls ist auch ein normaler, umgedreht gehaltener Regenschirm geeignet.

Mit einem stabilen Leinenkescher kann man die Bodenvegetation abstrei-

Abbildungen Seite 24: Verschiedene Kokonformen
Oben links: *Tetragnatha extensa*, Niemetal SN VII. 75
Oben rechts: *Ero furcata*, Wiblingen OS VIII. 76
Unten links: *Agroeca brunnea*, Rotenburg LH VII. 75
Unten rechts: *Uloborus walckenaerius*, Roth FR 16. 7. 76

Abbildungen Seite 25: Feinde der Spinnen
Theridion tinctum mit Schlupfwespenlarve, (Wiblingen OS) VIII. 76
Wegwespe *(Pompilus plumbeus)* mit erbeuteter Wolfspinne
(Arctosa perita), Ehrhorn LH 28. 8. 81

fen. Dieser Kescher sollte etwa 30 cm Durchmesser und einen festen, weißen Leinenbeutel besitzen. Beim Streifen gehen ebenfalls viele Spinnen ins Netz, die man beim einfachen Suchen übersieht.
Ein letztes, wichtiges Fanginstrument ist schließlich das sogenannte Käfersieb. Es besteht aus einem etwa 50 bis 70 cm langen Leinenschlauch von 20

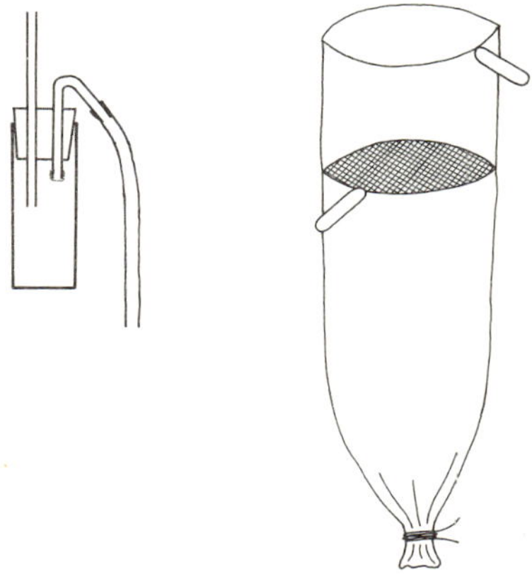

Abb. 6: Zwei nützliche Sammelutensilien: Exhaustor (links) und Käfersieb (rechts); Beschreibung im Text.

bis 30 cm Durchmesser, in dessen obere Öffnung und 20 bis 30 cm tiefer zwei Metallringe eingelassen sind. Diese Ringe tragen – um 90° versetzt – außen jeweils einen Handgriff; der untere Ring enthält außerdem ein Drahtsieb mit etwa 1 cm Maschenweite. Man bindet nun den Leinenschlauch unten zu und füllt oben Streumaterial vom Waldboden ein. Dann ergreift man die beiden Metallringe an den Handgriffen und rüttelt sie kräftig hin und her. Streupartikel und auch Tiere, die kleiner als 1 cm im Durchmesser sind, fallen durch das Sieb in den zugebundenen Leinensack. Sobald dieser einigermaßen gefüllt ist, öffnet man das zugebundene Ende und füllt das Siebgut in andere Leinensäcke; die gröberen, auf dem Sieb verbliebenen Teile schüttet man wieder aus. Zuhause füllt man das Siebgut portionsweise in flache, weiße Schalen und mustert es unter Zuhilfenahme des Exhaustors durch. Es ist oft überraschend, wie viele Spinnen und andere Bodenarthropoden jetzt zum Vorschein kommen.
Wenn man auch schwierigere Spinnenfamilien kennenlernen möchte, ist es unerläßlich, sich eine Sammlung anzulegen. Man tötet und konserviert kleinere Spinnen in 70-80 %igem Ethanol, größere sollte man vorher besser mit Ethylacetat („Essigäther") betäuben. Die konservierten Spinnen kommen artweise getrennt in kleine Gläschen, in die man außerdem einen mit Bleistift beschrifteten Fundortzettel legt. Neuerdings kennt man auch gute Methoden

zur Herstellung von Trockenpräparaten (CYMOREK 1969, HARZ 1975). Die etwas einfachere Methode des zweiten Autoren sei hier kurz beschrieben. Die Spinnen werden zunächst getötet (Ethylacetat), genadelt und dann in Aceton gelegt. Da sie darin sehr steif werden, sollte man die Beine gleich ausrichten, was z. B. auf Balsaholzbrettchen gut möglich ist. Nach etwa ein bis zwei Wochen (je nach Größe der Spinne) holt man sie aus dem Acetonbad heraus und trocknet sie an der Luft. Selbst von winzigen Zwergspinnen lassen sich auf diese Weise zufriedenstellende Trockenpräparate erhalten. Kleine Spinnen sollte man allerdings nicht direkt nadeln, sondern auf durchsichtige Plastikplättchen kleben. So bleibt auch die Epigyne als wichtiges Merkmal erkennbar. Die Trockenpräparation ist zwar bei „ernsten" Spinnensammlern verpönt, doch rechtfertigen die Ergebnisse, sowohl was die Farb- als auch die Formerhaltung betrifft, durchaus die Mühen der etwas aufwendigeren Bearbeitung.
Nach der neuen Artenschutzverordnung sind alle Radnetzspinnen der Gattung Araneus geschützt. Dadurch hat man dem tatsächlichen Schutz der Spinnen einen schlechten Dienst erwiesen, denn ein sinnvoller Schutz (Biotopschutz) ist nur über Kenntnisse des Vorkommens, diese wiederum nur über das Sammeln möglich. Wer Araneus-Arten sammeln möchte, muß sich daher bei der zuständigen Naturschutzbehörde eine Genehmigung einholen, ein, wie ich aus eigener Erfahrung weiß, äußerst mühsames und zeitaufwendiges Unterfangen.
Die Lebendhaltung ist eine weitere Möglichkeit des Kennenlernens von Spinnen, vor allem ihrer Verhaltensweisen. Kleine Spinnen kann man gut in Fanggläschen halten, wenn man von Zeit zu Zeit für einen Luftaustausch sorgt. Für größere Arten sind Marmeladengläser oder Terrarien geeignet. Wichtig ist stets eine ausreichende Feuchtigkeit, die aber nicht zur Schimmelbildung führen darf. Als Futtertiere eignen sich Taufliegen (Drosophila), die man in Marmeladengläsern leicht züchten kann, oder Fleischfliegen, deren Larven in Anglergeschäften erhältlich sind. Viele Spinnen sind jedoch Nahrungsspezialisten; sie lassen sich jeweils nur mit ganz bestimmten Beutetieren füttern. Wenn die Literatur hierzu keine Hinweise gibt, ist es oftmals sehr schwierig, solche Spinnen am Leben zu erhalten. Andere Arten – besonders auch solche, die schon natürlicherweise in Häusern leben – lassen sich dagegen manchmal jahrelang halten. Durch die Lebendhaltung kann man viele der sonst schwer sichtbaren Lebensvorgänge, wie Häutung, Paarung und Eiablage, auf Anhieb beobachten.

Abbildungen Seite 28: Spinnenportraits
Oben links: *Atypus piceus,* (Ringingen SA) 1. 10. 77
Oben rechts: *Dysdera erythrina,* (Barterode SN) 2. 4. 77
Unten links: *Araneus demat,* (Wiblingen OS) IX. 76
Unten rechts: *Tetragnatha extensa,* (Niemetal SN) VII. 75

Abbildungen Seite 29: Spinnenportraits
Oben links: *Argyroneta aquatica,* (Neuenkirchen LH) XI. 76
Oben rechts: *Alopecosa inquilina,* Ringingen SA 7. 3. 77
Unten links: *Cheiracanthium punctorium,* (Oberbergen KS) VII. 76
Unten rechts: *Salticus scenicus,* (Lautern SA) XII. 76

Fotografische Hinweise

Das Fotografieren von Spinnen gehört mit zu den interessantesten Arbeitsgebieten der Naturfotografie. Da es sich zumeist um kleine Objekte handelt, ist hierfür eine Ausrüstung erforderlich, die zumindest eine Abbildung in natürlicher Größe, also 1:1, ermöglicht. Ich selbst verwende für die meisten Aufnahmen eine Kleinbild-Spiegelreflexkamera mit einem 100 mm Makroobjektiv. Dieses Objektiv erlaubt die stufenlose Einstellung von Unendlich bis zum Abbildungsmaßstab 1:2, also halbe natürliche Größe. Durch Hinzufügen eines Zwischenringsatzes komme ich auf den erforderlichen Mindestmaßstab 1:1. Oft reicht dieser Maßstab noch nicht aus, um die Spinne groß genug abzubilden. Dann verwende ich statt der Zwischenringe oder zusätzlich zu diesen ein Automatik-Balgengerät. Als Extrem des Abbildungsmaßstabs erhalte ich so den Wert 2,3:1, also mehr als doppelte natürliche Größe. Mit dieser Anordnung sind beispielsweise die Aufnahmen der beiden Baldachinspinnen *Leptyphantes cristatus* und *Porrhomma rosenhaueri* in ihrer natürlichen Umgebung entstanden.
Um ein Stativ entbehren zu können, gibt es nur ein Rezept: Blitzen. Durch mehr als zehjährige Erfahrungen hat sich der Einsatz von zwei kleineren Elektronenblitzen mit einer Leitzahl von ca. 20 am besten bewährt. Ich befestige die Blitze mit einer Eigenkonstruktion in Höhe der Frontlinse, etwa 15 cm von der optischen Achse entfernt. Für spezielle Ausleuchtungsprobleme (etwa bei der in einer Blattrolle sitzenden Radnetzspinne *Araneus alsine)* können die Blitze unmittelbar neben das Objektiv gebracht werden. Um eine möglichst natürlich wirkende Ausleuchtung zu erreichen, sollte bei einer Spinne, deren Kopf nach links zeigt, der linke Blitz in Objektivhöhe, der rechte etwas höher angebracht sein. So erreicht man, daß der Schwerpunkt des Lichtes vorn auf der Spinne, der stärkste Schatten unter ihrem Hinterkörper liegt.
Die geschilderte Geräteanordnung erlaubt freihändiges Arbeiten bis zu einem Abbildungsmaßstab von etwas mehr als doppelter natürlicher Größe. Damit wird man die meisten fotografischen Probleme lösen können. Manche Aufgaben, etwa Portraits kleiner Spinnen, erfordern aber Maßstäbe von 3:1 und mehr und damit eine andere Arbeitsweise. Ich verwende dann – je nach gewünschter Abbildungsgröße – Objektive von 55 oder 28 mm Brennweite, die ich mit einem Umkehrring in Retrostellung am Balgengerät anbringe. Die Funktion der Springblende läßt sich durch einen elektromagnetischen Fernauslöser aufrechterhalten, der in den Drahtauslöseranschluß eines Abblend-Ringes geschraubt und durch den FP-Kontakt am Kameragehäuse gezündet wird (etwas für Bastler). Der FP-Kontakt (ein Spezialkontakt für langsam aufleuchtende Blitzbirnen) wird kurz vor dem Verschlußablauf geschlossen; er sorgt in unserem Fall dafür, daß die Blende zum Scharfstellen offen, während der Aufnahme aber auf den vorgewählten Wert geschlossen ist. Auf diese Weise lassen sich freihändige Aufnahmen bis etwa zum Abbildungsmaßstab 10:1 herstellen. So entstanden z. B. die Portraitaufnahmen von *Dysdera erythrina* und *Salticus scenicus* (ca. 7:1), auch wieder ohne Stativ.
Eine perfekte Ausrüstung ist allerdings noch längst kein zuverlässiger Garant für perfekte Aufnahmen. Beim Blitzen ist z. B. stets der Hintergrund zu beachten. Liegt er allzuweit vom eigentlichen Aufnahmeobjekt entfernt, er-

scheint er später auf der Aufnahme ganz schwarz. Hier gibt es eine elegante, wenn auch nicht ganz einfache Möglichkeit: Mischlicht. Man mißt über den Belichtungsmesser die Hintergrundhelligkeit und stellt mit dem Zeitenknopf etwa zwei Lichtwerte Unterbelichtung ein – der Blendenwert muß unangetastet bleiben, da er durch die Blitzhelligkeit feststeht. So erreicht man mit Belichtungszeiten von meist 1/8 bis 1/15 s einen zwar etwas dunklen, aber gut durchgezeichneten Hintergrund. Ein Beispiel für diese Methode ist die Gartenkreuzspinne vor einem weit entfernten Holzstoß (S. 67).
Um stets die bestmöglichen Resultate zu erzielen, kommt nur ein Film in Frage: Kodachrome 25. Er ist der eindeutig schärfste Film auf dem Weltmarkt. Auch die Farbwiedergabe ist bei richtiger Anwendung des Faktors Licht voll befriedigend. Alle Aufnahmen in diesem Buch sind mit diesem Filmmaterial (z. T. mit dem Vorläufer, Kodachrome II) entstanden.
Und schließlich eine letzte, wichtige Verhaltensmaßregel: Ich fotografiere grundsätzlich nur lebende, unmanipulierte Spinnen. Nur so lassen sich wirklich natürliche Aufnahmen erzielen. Es ist zwar oftmals recht schwierig, eine wild umherhüpfende Springspinne zum Stillsitzen zu überreden, doch sind rundum befriedigende Fotos nun einmal nur mit sehr viel Geduld möglich. Viele der in diesem Buch gezeigten Bilder sind nur diesem letzten, aber über alles entscheidenden Faktor zu verdanken.

Spezieller Teil

Bestimmungsschlüssel der Spinnenfamilien

Zum Bestimmen ist eine gute Lupe mit mindestens 10-facher, besser 20-facher Vergrößerung erforderlich. Noch besser eignet sich ein Stereomikroskop mit etwa 50-facher Maximalvergrößerung. Um alle Merkmale genau studieren zu können, wird sich eine Konservierung der Spinnen in 70%igem Alkohol meist nicht umgehen lassen. Der Schlüssel ist nach dem dichotomen Prinzip aufgebaut, d. h. man hat sich jeweils zwischen zwei Alternativen – Zahl und Strich – zu entscheiden und wird dann jeweils zu einer neuen Zahl oder zu einem Ergebnis hingeführt.

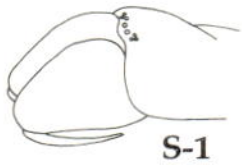

S-1
Atypus:
Prosoma
lateral

1. Chelicerengrundglieder nach vorn gerichtet, Klauen paralell zueinander orientiert (S-1) (Orthognatha).

   Atypidae (Tapezierspinnen) S. 42

S-2
Cheiracanthium:
Prosoma frontal

– Chelicerengrundglieder nach unten oder schräg nach vorn gerichtet, Klauen gegeneinander eingeschlagen (S-2) (Labidognatha). 2

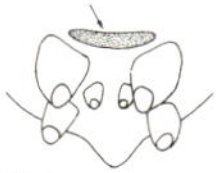

S-3a
Dictyna:
Spinnwarzenregion
mit Cribellum (Pfeil)

2. Vor den Spinnwarzen befindet sich ein zusammenhängendes (S-3a) oder geteiltes (S-3b) Spinnsieb (Cribellum). Metatarsus der Hinterbeine mit Kräuselkamm (Calamistrum) (S-4) (Cribellatae). 3

– Cribellum und Calamistrum fehlen (Ecribellatae). 6

S-3b
Nigma: Cribellum

S-4
Dictyna:
Bein IV mit
Calamistrum
(Pfeil)

3. Kurzbeinige, robuste Spinnen mit abgestutztem Vorderende des Prosoma (Springspinnen-Habitus, aber ohne große Augen, s. S-5). ♀ einfarbig schwarz oder mit gelbbehaarter Stirn, ♂ roter Hinterleib mit 4 schwarzen Flekken (S-5).

   Eresidae (Röhrenspinnen) S.134

– anderer Habitus 4

S-5
Eresus ♂

4. In Radnetzen oder an trockenen Fichtenzweigen und dort den Signalfaden eines dreieckigen Netzes (S-6) haltend. Augenstellung wie in S-7 oder S-8.

Uloboridae (Kräuselradnetzspinnen) S. 138

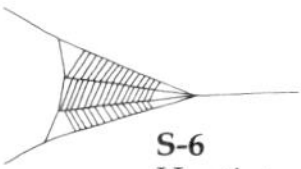

S-6
Hyptiotes:
Fangnetz

– In anderen Netzen oder frei unter Steinen. 5

5. Höchstens 5 mm groß (dann mit grünem Hinterkörper). Weben unregelmäßige Netze, meist an Pflanzen.

Dictynidae (Kräuselspinnen) S. 136

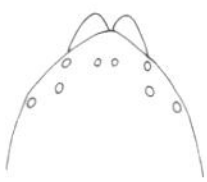

S-7
Hyptiotes:
Prosoma dorsal

– Mindestens 5 mm groß, Hinterkörper nie grün. Weben Trichternetze unter Steinen, in Felsspalten oder unter Baumrinde.

Amaurobiidae (Finsterspinnen) S. 142

S-8
Uloborus:
Prosoma dorsal

6. 6 Augen, ♀ ohne Epigyne (Haplogynae). 7

– 8 Augen, ♀ mit Epigyne (Entelegynae). 9

S-9
Oonops:
Prosoma dorsal

7. Höchstens 2 mm groß. Hellrosa bis rot gefärbt. Augenstellung wie in S-9.

Oonopidae (Zwergsechsaugen)
4 seltene Arten, die in Häusern oder im Freiland, z. T. in Netzen anderer Spinnen leben. Hier nicht weiter behandelt.

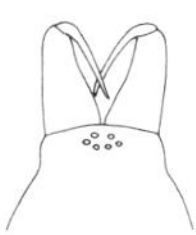

S-10
Dysdera:
Prosoma dorsal

– Mindestens 4 mm groß. 8

S-11
Segestria:
Prosoma dorsal

8. Prosoma einfarbig. Leben in röhrenförmigen Gespinsten oder tagsüber in Gespinstsäcken. Augenstellung wie in S-10 oder S-11.

Dysderidae (Sechsaugenspinnen) S. 44

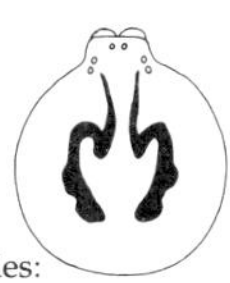

S-12
Scytodes:
Prosoma dorsal

– Prosoma mit dunkler, „lyraförmiger" Zeichnung (S-12). Fast nur in Häusern, keine Fangnetze.

Sicariidae (Speispinnen) S. 46

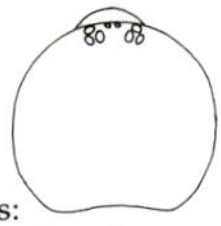

S-13
Pholcus:
Prosoma dorsal

9. Beine auffallend lang (etwa 4-5 fache Körperlänge), dadurch „Weberknecht-Habitus". Augenstellung wie in S-13. Leben in unregelmäßigen, aus wenigen Fäden bestehenden Gespinsten, vor allem in Häusern.

Pholcidae (Zitterspinnen) S. 48

– Beine von höchstens dreifacher Körperlänge. 10

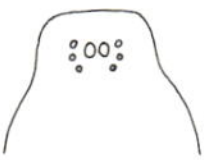

S-14
Zodarion:
Prosoma dorsal

10. Charakteristische Augenstellung (S-14): vorn in der Mitte ein Paar relativ großer, dunkler Augen, seitlich davon in nach innen gekrümmten Kreisbögen je 3 helle, kleinere Augen. Vordere Augen relativ weit vom Vorderrand des Prosoma entfernt.

Zodarionidae (Ameisenjäger) S. 50

– Augenstellung anders. 11

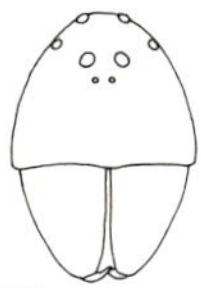

S-15
Oxyopes:
Prosoma frontal

11. Augen in 4 Querreihen angeordnet (S-15). Stirn sehr hoch und nach oben etwas zugespitzt. Beine auffallend stark bestachelt (S-16).

Oxyopidae (Luchsspinnen) S. 104

– Augen in 2 oder 3 Querreihen. 12

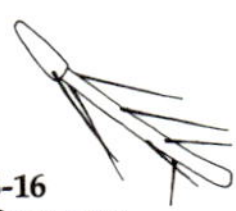

S-16
Oxyopes:
Patella und Tibia
Bein I

12. Augen in 3 Querreihen. 13

– Augen in 2 Querreihen (die etwas gebogen sein können). 16

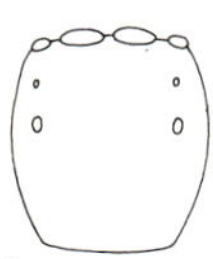

S-17
Evarcha:
Prosoma dorsal

13. Stirn von oben gesehen breit und gerade abgestutzt. Das mittlere Augenpaar der 1. Reihe auffallend vergrößert, Augen der 2. Reihe sehr klein und oft schwer sichtbar (S-17).

Salticidae (Springspinnen) S. 126

– Vordere Mittelaugen nicht auffallend vergrößert. 14

S-18
Arctosa:
Prosoma dorsal

14. Das Trapez, das die hinteren 4 Augen bilden, ist etwa so lang wie breit (S-18). Überwiegend tagaktive, frei jagende Spinnen, die ihre Eikokons an den Spinnwarzen und Jungspinnen auf dem Hinterleibsrücken tragen.

Lycosidae (Wolfspinnen) S. 96

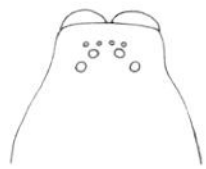

S-19
Dolomedes:
Prosoma dorsal

– Trapez der hinteren Augen deutlich breiter als lang (S-19). 15

15. Augen der 1. Reihe deutlich kleiner als die übrigen (S-19). Tagaktive, frei jagende Spinnen, die ihre Eikokons mit den Cheliceren tragen und die Jungspinnen in einem kuppelförmigen Gespinst bewachen.

Pisauridae (Raubspinnen) S. 92

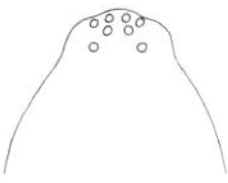

S-20
Zora:
Prosoma dorsal

– Alle Augen etwa gleichgroß (S-20). Vorwiegend nachtaktive Bodenspinnen.

Ctenidae (Kammspinnen) S. 114

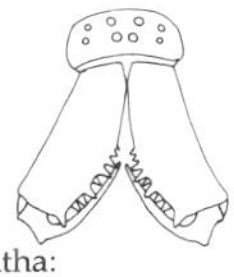

S-21
Tetragnatha:
Prosoma frontal

16. Cheliceren auffallend groß, innen mit starken Dornen (S-21). Oft sehr schlank und langbeinig.

Tetragnathidae (Streckerspinnen und Kieferspinnen) S. 82

– Cheliceren nicht zugleich sehr groß und stark bedornt. 17

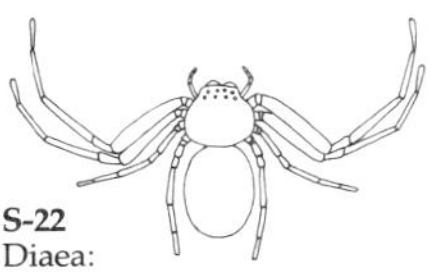

S-22
Diaea:
Habitus

17. Beine flach seitwärts gerichtet (S-22, S-23). 18

– Beine nicht flach seitwärts gerichtet. 19

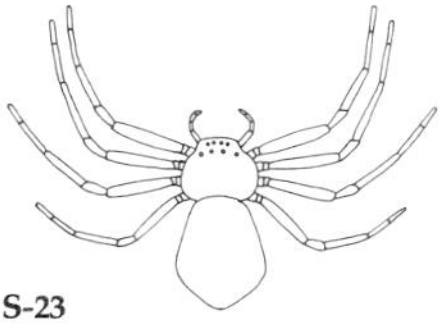

S-23
Philodromus:
Habitus

18. Vordere 2 Beinpaare deutlich länger und kräftiger als die hinteren (S-22).

Thomisidae (Krabbenspinnen) S. 118

– Vordere Beine nicht deutlich länger als die hinteren (S-23).

Philodromidae (Laufspinnen) S. 124

S-24
Ero:
Bein I

19. Tibia und Metatarsus der vorderen 2 Beinpaare mit einer Reihe langer, etwas gebogener Stacheln (S-24). Habitus kugelspinnenartig, aber Hinterkörper mit 2 oder 4 Höckern.

Mimetidae (Spinnenfresser) S. 84

– Vordere Beine nicht derartig bestachelt. 20

S-25
Anyphaena:
Opisthosoma ventral

20. Das unpaare Tracheenstigma liegt in der Bauchmitte des Opisthosoma (S-25). Auf dem Hinterleibsrücken eine Zeichnung aus 4 schwarzen, etwa dreieckigen Flecken (S-26).

Anyphaenidae (Zartspinnen) S. 114

– Kein unpaares Tracheenstigma in der Bauchmitte. 21

S-26
Anyphaena:
Opisthosoma dorsal

21. Das unpaare Tracheenstigma liegt dicht hinter den paarigen Fächerlungenstigmen (S-27). Lebt im Wasser.

Argyroneta aquatica (Wasserspinne) S. 90
(Fam. Agelenidae)

S-27
Argyroneta:
Opisthosoma ventral

– Das unpaare Tracheenstigma liegt dicht vor den Spinnwarzen (S-28), meist ist es schwer sichtbar. 22

S-28
Araneus:
Spinnwarzenregion
mit Stigma (Pfeil)

22. Alle 6 Spinnwarzen liegen in einer geraden Querreihe nebeneinander (S-29).

Hahniidae (Bodenspinnen)
Höchstens 3 mm große, am Boden lebende Spinnen. Die unscheinbaren ca. 10 Arten sind feuchtigkeitsliebend und z. T. häufig. Hier nicht weiter behandelt.

– Spinnwarzen nicht in einer Querreihe. 23

23. Hintere Spinnwarzen deutlich zweigliedrig, Endglied mindestens halb so lang wie das Grundglied (S-30). Weben Trichternetze.

Agelenidae (Trichterspinnen) S. 86

S-29
Hahnia:
Spinnwarzenregion

– Hintere Spinnwarzen nicht deutlich zweigliedrig, weben keine Trichternetze. 24

24. Fast einfarbig grün (♀) oder grün mit gelb und rot gestreiftem Hinterkörper (♂).

Eusparassidae (Jagdspinnen) S. 116

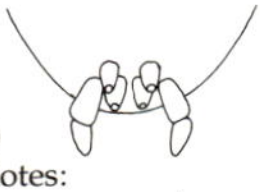

S-30
Coelotes:
Spinnwarzenregion

– Spinne anders gefärbt. 25

S-31
Drassodes:
Spinnwarzenregion

25. Vordere Spinnwarzen lang, zylindrisch bis konisch (S-31, S-32). Vorwiegend nachtaktive, frei jagende Spinnen, die sich tagsüber meist in Gespinstsäcken aufhalten. 26

– Vordere Spinnwarzen kurz, stark konisch (S-33). Weben Fangnetze. 27

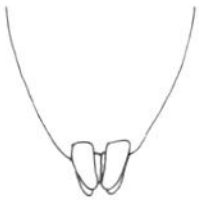
S-32
Clubiona:
Spinnwarzenregion

26. Vordere Spinnwarzen zylindrisch, in Ruhelage parallel oder auseinanderweichend. (S-31).
Drassodidae (Plattbauchspinnen) S. 106

– Vordere Spinnwarzen konisch, in Ruhelage zusammenneigend (S-32).
Clubionidae (Sackspinnen) S. 108

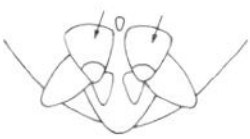
3
neus:
nnwarzenregion

27. Tarsen der Hinterbeine unten mit einer Reihe starker, gesägter Borsten (S-34). Weben Haubennetze oder unregelmäßige Gespinste. 28

4
toda:
sus IV

– Tarsen der Hinterbeine ohne derartige Borstenreihe. Weben Radnetze, Baldachinnetze oder Gespinstteppiche. 29

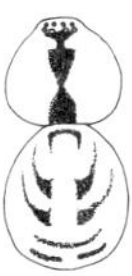
S-35
Nesticus:
Körperzeichnung

28. Grundfärbung weißlich oder gelblich mit dunklem, zweimal eingeschnürtem Längsband auf dem Prosomarücken und paariger, grauer Fleckenzeichnung auf dem Opisthosoma (S-35). Lebt in Höhlen und an anderen dunklen, feuchten Orten.
Nesticidae (Höhlenspinnen) S. 56

– Körper anders gezeichnet.
Theridiidae (Kugelspinnen) S. 52

S-36
Araneus:
Prosoma frontal

29. Der Abstand der vorderen Mittelaugen vom Unterrand der Stirn entspricht etwa dem Durchmesser dieser Augen (S-36). Weben Radnetze.
Araneidae (Radnetzspinnen) S. 66

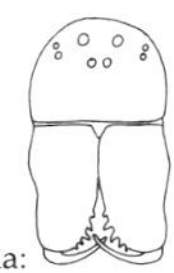
S-37
Linyphia:
Prosoma frontal

– Vordere Augenreihe wesentlich weiter vom Stirnrand entfernt (S-37). Weben Baldachinnetze oder Gespinstteppiche.
Linyphiidae (Baldachinspinnen und Zwergspinnen) S. 58

Tabellarische Übersicht: Spinnennetze

Aussehen des Netzes bzw. Gespinstes		Familie oder Gattung	Beschr. Seite
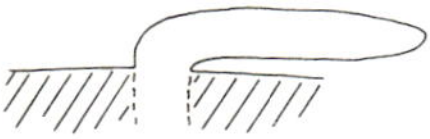	geschlossener Schlauch, der sich unterirdisch fortsetzt	Atypus	42
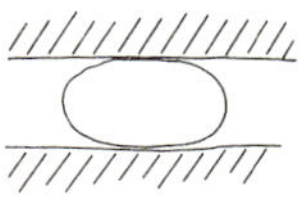	geschlossener Gespinstsack, meist unter Baumrinde, unter Steinen oder zwischen Blättern	Clubionidae Drassodidae Dysderinae Salticidae	108 106 44 126
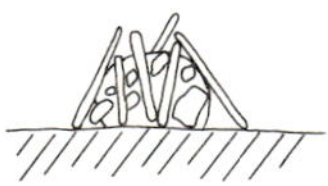	kugeliges Gespinst, mit Pflanzenteilen u. ä. verkleidet	Zodarion Theridiidae	50 52
	Unterwassernetz, das durch Luftblase emporgewölbt wird	Argyroneta	90
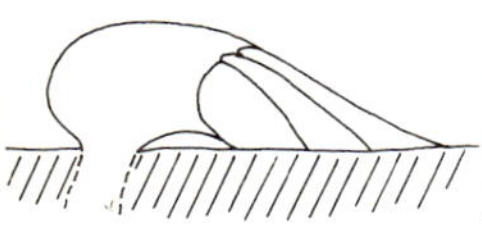	unterirdische Gespinströhre, die von einem Gespinstteppich überdacht ist	Eresus	134
	Haubennetz; oben Schlupfwinkel, nach unten Klebfäden	Theridiidae	52
	unregelmäßiges Deckennetz, nach unten Klebfäden	Theridiidae Nesticus	52 56

Aussehen des Netzes bzw. Gespinstes		Familie oder Gattung	Beschr. Seite
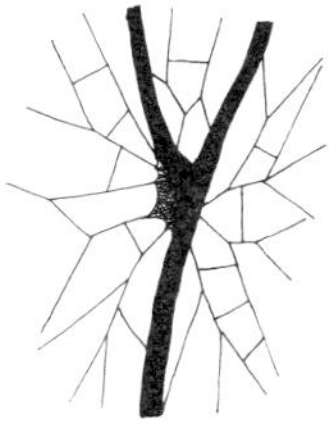	unregelmäßiges Netz an Pflanzen mit Schlupfwinkel im Zentrum	Dictyna Theridiidae	136 52
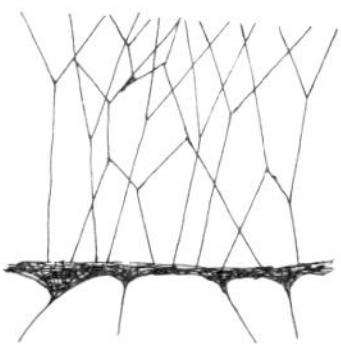	horizontale Gespinstdecke, von unten verspannt, darüber meist „Stolperfäden"	Linyphiidae	58
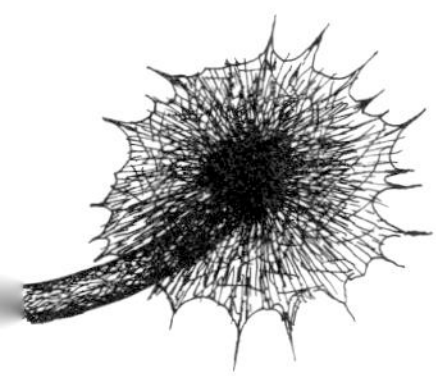	Trichternetz, das in Röhre übergeht	Agelenidae Amaurobiidae Segestria Aulonia	86 142 44 102
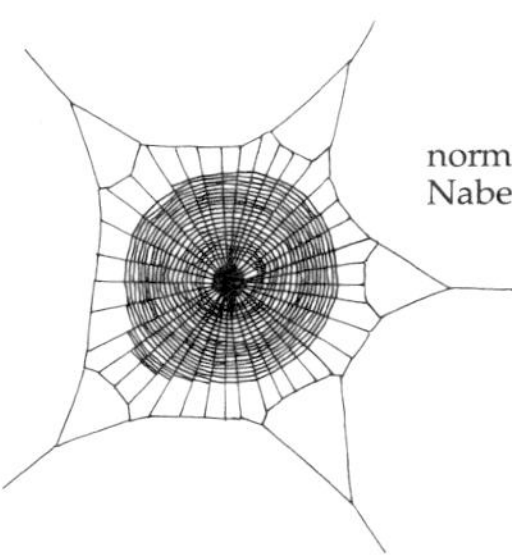	normales Radnetz, Nabe geschlossen	Araneidae	66

Aussehen des Netzes bzw. Gespinstes		Familie oder Gattung	Beschr. Seite
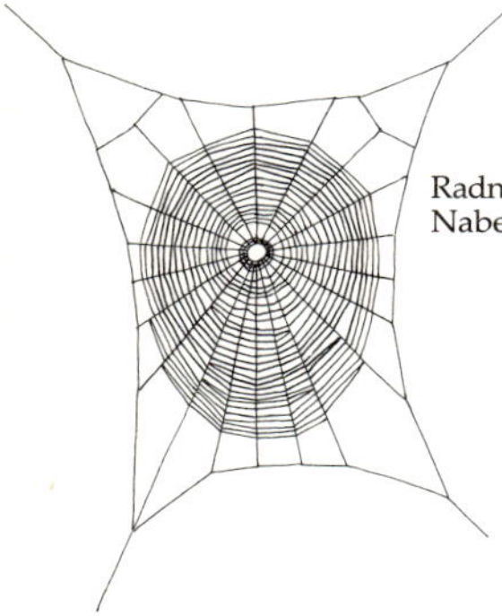	Radnetz, Nabe offen	Tetragnatha Meta	82 74
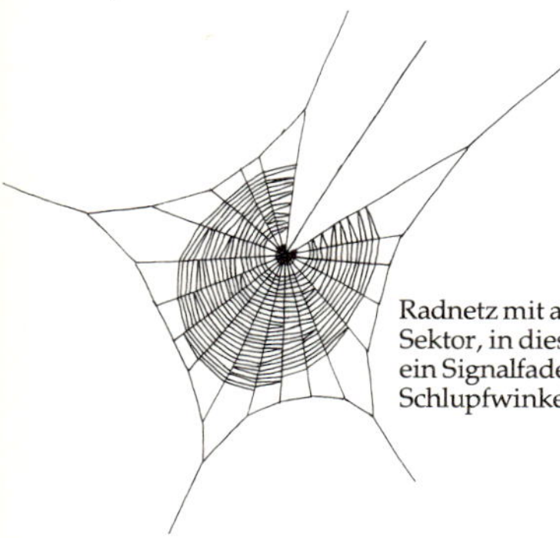	Radnetz mit ausgespartem Sektor, in diesem Bereich ein Signalfaden zum Schlupfwinkel der Spinne	Zygiella	45
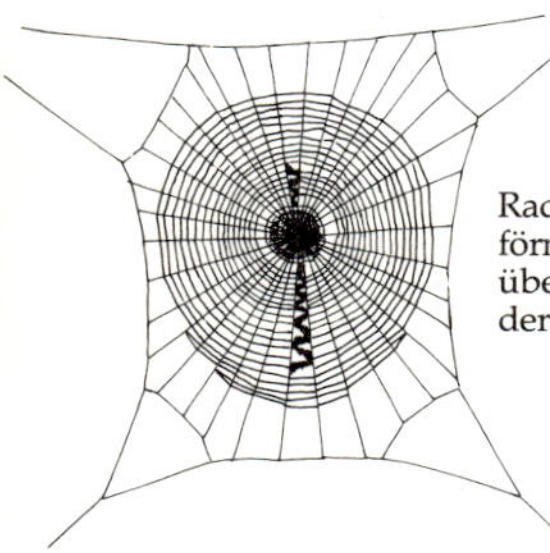	Radnetz mit zickzackförmigem Stabiliment über und unter der Nabe	Argiope	80

Aussehen des Netzes bzw. Gespinstes	Familie oder Gattung	Beschr. Seite
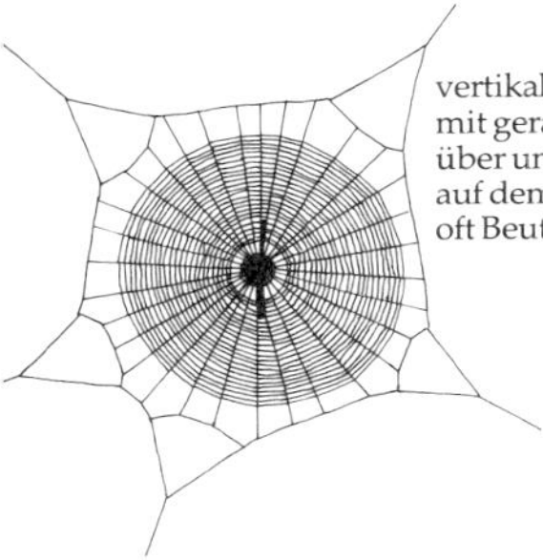 vertikales Radnetz mit geradem Stabiliment über und unter der Nabe, auf dem Stabiliment oft Beutereste u. ä.	Cyclosa	78
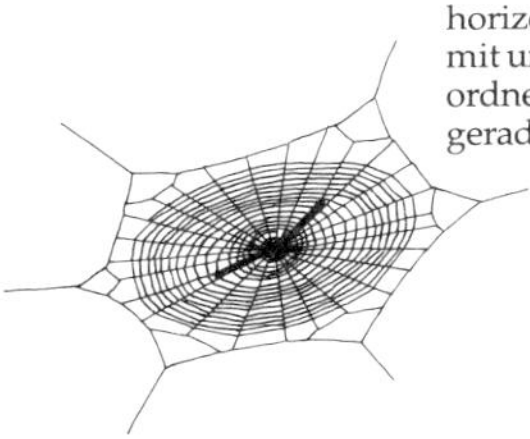 horizontales Radnetz mit unregelmäßig angeordneten, 2 oder 3 geraden Stabilimenten	Uloborus	138
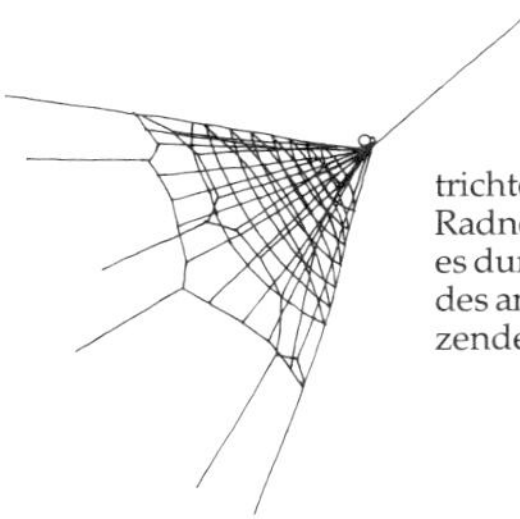 trichterförmig gespanntes Radnetz, die Spinne spannt es durch Zusammenraffen des an der Nabe ansetzenden Signalfadens	Theridiosoma seltene, etwa 2 mm große Araneide an Gewässerufern, hier nicht weiter behandelt	
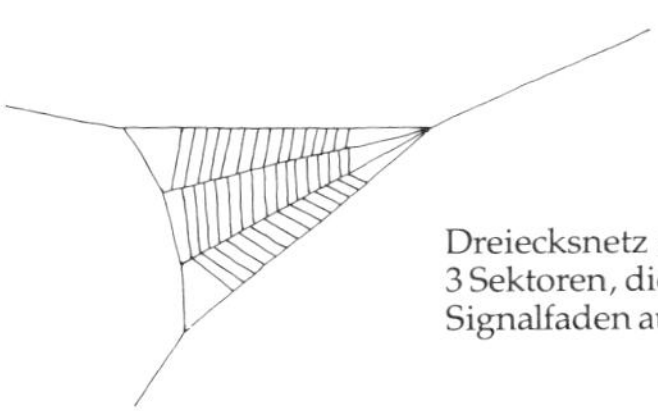 Dreiecksnetz mit 3 Sektoren, die in einen Signalfaden auslaufen	Hyptiotes	140

Familie Atypidae (Tapezierspinnen)

Die Atypiden sind die einzigen heimischen Vertreter der orthognathen Spinnen, also der Vogelspinnen i. w. S. Das besondere Merkmal dieser altertümlichen Spinnengruppe sind die mächtigen, gerade nach vorn gerichteten Grundglieder der Cheliceren mit parallel zueinander orientierten Giftklauen (S-1). Die Atypiden sind innerhalb der Orthognatha durch Kurzbeinigkeit, geringe Behaarung und sessile Lebensweise in einer mit Gespinst ausgekleideten Erdröhre ausgezeichnet. Die drei in Mitteleuropa vorkommenden Arten sind nur schwer, am besten durch den Bau der Spinnwarzen, zu unterscheiden (KRAUS u. BAUR 1974).

Atypus piceus

Atypus piceus wird einschließlich der Cheliceren etwa 15 mm groß. Die Färbung ist meist braunschwarz ohne hellere Zeichnungen. Die hinteren Spinnwarzen sind auffallend lang und dreigliedrig. Die 8 kleinen Augen liegen dichtgedrängt auf einem Hügel am Vorderrand des Prosoma. Sehr auffallend sind die massigen, gerade nach vorn gerichteten Chelicerengrundglieder.

A. piceus lebt kolonieweise auf Trockenrasen und am Rande von Kiefernwäldern, meist auf geneigten, südexponierten Flächen. Die Kolonien sind allerdings sehr schwer zu finden, da sich die Spinnen zeitlebens (mit nur kurzfristigen Ausnahmen) in mit Gespinst ausgekleideten Erdröhren aufhalten. Dieses Gespinst setzt sich oberirdisch in einen etwa fingerlangen und -dicken Schlauch fort, der auf seiner Oberfläche mit Partikeln aus der Umgebung (Moos, Erdkrumen usw.) maskiert ist. Während die Tapezierspinne tagsüber am Grund der Röhre ruht, sitzt sie nachts an der Decke des oberirdischen Fangschlauchs und greift durch das Gewebe hindurch alle Beutetiere, die dieses überqueren, etwa Asseln und Tausendfüßer.

Die Paarungszeit liegt bei *A. piceus* vorzugsweise im Juni und Juli. Zu dieser Zeit kann man die etwas langbeinigeren, tiefschwarzen Männchen auch frei am Boden beobachten. Sie suchen nach den Fangschläuchen der Weibchen, weichen das Gewebe durch Speicheltropfen auf und dringen ins Innere ein, wo später die Paarung stattfindet.

Erst längere Zeit nach der Paarung spinnt das Weibchen in seiner Wohnröhre den Eikokon. Die ausgeschlüpften Jungspinnen überwintern gemeinsam mit der Mutter. Im ersten Frühling (März/April) verlassen sie das Gespinst, klettern an Pflanzen empor und lassen sich am Fadenfloß davontragen. Sie können das geradezu „biblische" Alter von etwa zehn Jahren erreichen.

A. piceus kommt nur im südlichen und mittleren Deutschland vor (die sehr ähnliche Art *A. affinis* auch in Norddeutschland). Die besten Chancen, eine Kolonie der Tapezierspinne zu finden, hat man im Herbst. Zu dieser Zeit werden bei den Fangschläuchen frische Erdhaufen aufgeworfen, die oft die auffallendsten Spuren dieser interessanten Spinne sind.

 A. piceus im geöffneten Gespinstschlauch, Ringingen SA 12. 9. 77

Fangschlauch von *Atypus piceus*, Ringingen SA 10. 5. 77

Familie Dysderidae (Sechsaugenspinnen)

Die Dysderiden besitzen, wie schon aus ihrem deutschen Namen ersichtlich, nur sechs Augen. Daneben sind sie durch eine sehr langgestreckte, schmale Unterlippe und einen länglich walzenförmigen Körper gekennzeichnet. Im übrigen unterscheiden sich die zwei Unterfamilien der Dysderiden deutlich. Die Dysderinae sind nachtaktive Jäger, die sich tagsüber in Gespinstsäcken aufhalten. Die Segestriinae dagegen leben sessil in röhrenförmigen, zu Trichtern erweiterten Netzen. Auch die Augenstellung ist bei beiden Unterfamilien verschieden: bei den Dysderinae liegen die Augen in einem Sechseck (S-10), bei den Segestriinae in zwei Dreiecken, die mit den Spitzen zueinander weisen (S-11). Bei uns kommen sieben Arten vor.

Dysdera erythrina

Dysdera erythrina, eine etwa 10 mm große Vertreterin der Dysderinae, erinnert durch ihr rötliches Prosoma und das weißgrau behaarte Opisthosoma etwas an Sackspinnen der Gattung Clubiona. Außer durch die Augenzahl ist die Spinne durch lange Chelicerengrundglieder (etwa halb so lang wie der Vorderkörper) und ebenso lange, überkreuzende Giftklauen zu erkennen. Mit diesen fast pinzettenartigen Mundwerkzeugen ist Dysdera in der Lage, Asseln zu erbeuten, da sie deren weit ausladende Seitenränder der Körpersegmente leicht umgreifen kann. Offensichtlich ist diese Spinne auf derartige Beute – die von vielen anderen verschmäht wird – spezialisiert.
D. erythrina ist sehr wärmeliebend. Sie kommt besonders auf Trokkenrasen unter Steinen vor. Die sehr ähnliche *Dysdera crocota* besitzt noch größere Cheliceren und lebt bei uns fast nur in Gebäuden. Außerdem kommen bei uns drei ebenfalls ähnliche Arten aus der Gattung Harpactea vor. (Bei diesen ist das Prosoma nicht rötlich, sondern dunkelbraun gefärbt und die Unterlippe ist nicht, wie bei Dysdera, vorn halbkreisförmig ausgerandet).

Segestria senoculata

Segestria senoculata, die häufigere unserer beiden Vertreter der Segestriinae, ist an der Zeichnung des Hinterkörpers, einer zusammenhängenden Reihe quergestellter, dunkler Flecken, gut zu erkennen. Die Spinne wird ca. 7-10 mm groß und lebt in Gespinströhren unter Rinde (vor allem Kiefernrinde), gelegentlich auch unter Steinen oder in Felsspalten. Die Röhren öffnen sich nach außen zu kleinen Trichtern. Während *S. senoculata* über ganz Deutschland allgemein verbreitet ist, kommt die zweite Art, *Segestria bavarica*, nur in felsigen, klimatisch begünstigten Gebieten vor. Diese Art wird größer (bis 14 mm), besitzt eine Hinterleibszeichnung aus paarig angeordneten Flecken und lebt fast nur in Felsspalten.

Dysdera erythrina erbeutet Kellerassel, (Barterode SN) 30. 3. 77
Segestria senoculata, (Rotenburg LH) 26. 12. 81

Familie Sicariidae

Scytodes thoracica (Speispinne)

Die Speispinne *Scytodes thoracica*, die einzige heimische Art aus ihrer Familie, ist verhältnismäßig leicht zu erkennen. Sie besitzt nur 6 Augen, die jeweils paarweise am Vorderrand und an den Seitenrändern des Prosoma gruppiert sind (S-12). Die Grundfärbung ist gelblich mit brauner bis schwarzer Fleckenzeichnung, die auf dem Vorderkörper ein charakteristisches, „lyraförmiges" Muster bildet. Der zum abgestutzten Hinterende schräg ansteigende Vorderkörper ist meist deutlich breiter als der Hinterkörper. Die Gesamtlänge beträgt ca. 4-6 mm. An der weiblichen Genitalöffnung ist — wie bei allen haplogynen Spinnen — keine stärker chitinisierte Epigyne ausgebildet. Entsprechend einfach sind die Taster des Männchens entwickelt. Der Bulbus ist in einen langen Faden ausgezogen, vor dessen Spitze der Samenschlauch mündet.
Die Speispinne ist ein Gast aus Südeuropa und kommt bei uns fast ausschließlich in Häusern vor. Hier hält sie sich tagsüber meist verborgen und geht nachts auf Beutefang. Das Fangverhalten zählt mit zu den erstaunlichsten Verhaltensweisen, die bei Spinnen vorkommen. Wie schon ihr deutscher Name andeutet — außer Speispinne wird auch die Bezeichnung Leimschleuderspinne verwendet —, fängt Scytodes die Beute nicht in Netzen, sondern durch das Ausspeien klebriger Spinnfäden aus den Cheliceren. Die Spinne pirscht sich mit sehr langsamen, gewissermaßen „schleichenden" Bewegungen an das Beutetier an, bleibt etwa 1 - 2 cm davor ruckartig stehen und schleudert aus den beiden Öffnungen der Chelicerenklauen Spinnfäden mit Klebtropfen über das Opfer. Dieses ist augenblicklich durch zickzackförmig ausgebreitete Leimfäden an die Unterlage gefesselt. Anschließend wird die Beute mit einem Giftbiß getötet und ausgesogen.
Ermöglicht wird dieses einzigartige Verhalten durch eine besondere Entwicklung der Giftdrüsen. Diese bestehen nämlich bei ihr aus jeweils zwei getrennten Teilen, einem größeren, der die Klebfäden produziert, und einem kleineren, in dem das Gift gebildet wird. Zusätzlich besitzt die Speispinne die für Spinnen üblichen Spinnwarzen. Hiermit webt sie unregelmäßige, nur aus wenigen Fäden bestehende Gespinste, in denen sie sich tagsüber aufhält. Auch die Eier werden von wenigen Spinnfäden locker umhüllt und bis zum Schlüpfen der Jungspinnen von der Mutter ans Sternum gepreßt getragen.
Durch ihre verborgene, nächtliche Lebensweise ist ein Fund dieser interessanten Spinnenart in unseren Breiten immer ein besonderer Glücksfall, wenngleich sie auch in manchen Gegenden, vor allem in Süddeutschland, keineswegs selten ist. Viel öfter begegnet man ihr in ihrer eigentlichen Heimat, dem Mittelmeergebiet. Dort lebt sie auch im Freien, und man kann sie vor allem unter größeren, hohl aufliegenden Steinen häufig finden. Die Speispinne ist leicht zu halten und nimmt z. B. gern Taufliegen (Drosophila) als Nahrung. Einen ausführlichen Beitrag zur Biologie dieser Spinne lieferte DABELOW (1958).

Scytodes thoracica fängt eine Mücke, (Illertissen BS) 28. 5. 77
Scytodes thoracica mit Eikokon, (Talamone/Toscana) 10. 9. 79

Familie Pholcidae (Zitterspinnen)

Die Zitterspinnen erinnern durch ihre Langbeinigkeit im Habitus an Weberknechte (Opiliones). Von diesen sind sie aber leicht durch die tiefe Einschnürung zwischen Vorder- und Hinterkörper zu unterscheiden. Die Grundfarbe ist hellgrau mit angedeuteten, dunkleren Zeichnungen. Auf der Bauchseite des Hinterleibs zeichnet sich beim Weibchen die stark chitinisierte Epigyne als dunkel pigmentierter Bereich deutlich ab. Die Augen liegen in zwei Dreiergruppen an den Kopfseiten, dazwischen an der Stirn ein sehr kleines Augenpaar (S-13). Der Hinterkörper ist walzenförmig und deutlich länger als der Vorderkörper. Die beiden Pholcus-Arten sind die einzigen Vertreter ihrer Familie in Deutschland.

Pholcus phalangioides

Pholcus phalangioides erreicht ca. 10 mm Körperlänge und ist damit etwa doppelt so groß wie die andere Art (*Ph. opilionoides*). *Ph. phalangioides* lebt ausschließlich in Häusern, besonders in Kellern. Die Häufigkeit nimmt von Süd- nach Norddeutschland ab.

Die Zitterspinne webt unregelmäßige, fadenarme Netze, in denen sie bauchoben auf Beute lauert. Der Klebstoff ist nicht, wie sonst bei den Ecribellaten, in Tropfenform über die Fangfäden verteilt, sondern überzieht sie als dünner Film. Wenn die Spinne, etwa durch Antippen oder Anblasen, beunruhigt wird, versetzt sie ihren Körper in sehr schnelle, schwingende oder kreisende Bewegungen (Name!). Auf diese Weise verschwimmt sie vollkommen mit ihrer Umgebung und wird fast unsichtbar.

Die rosafarbenen Eier (bei *Ph. opilionoides* grau) werden mit wenigen Spinnfäden umhüllt und vom Weibchen mit den Cheliceren vor dem Körper getragen. Die Eiablage findet vorwiegend im Juli statt. Schon kurz nach dem Schlüpfen werden die Jungspinnen selbständig. Sie können ein Alter von etwa drei Jahren erreichen. *Pholcus phalangioides* ist außergewöhnlich zählebig. Diese Art kann selbst in modernen, staubtrockenen Betonwohnungen, denen andere Spinnen fast ausnahmslos den Rücken kehren, noch ein Auskommen finden.

Die kleinere Art (*Pholcus opilionoides*) ist in Deutschland etwas weiter verbreitet als die größere. Sie lebt ebenfalls in Häusern, scheint aber in Neubaugebieten seltener zu sein. In Süddeutschland kommt sie daneben auch in Steinbrüchen und an ähnlichen Orten vor.

Pholcus phalangioides, (Wiblingen OS) 14. 12. 83
Pholcus phalangioides mit Eikokon, Wiblingen OS VII. 76

Familie Zodarionidae (Ameisenjäger)

Die Zodarioniden besitzen eine charakteristische Augenstellung: vorn in der Mitte ein paar größere, daneben bogenförmig angeordnet drei kleinere Augen (S-14). Die vergrößerten vorderen Spinnwarzen stehen auf einem gemeinsamen Sockel. Die Vertreter dieser Familie sind – soweit man bisher weiß – spezialisierte Ameisenjäger, die in geschlossenen Gespinstsäcken leben. Bei uns kommen drei durchweg seltene Arten vor. (Zwei sind erst seit kurzem bekannt.)

4 Zodarion germanicum

Zodarion germanicum erreicht etwa 5 mm Körperlänge. Diese Art ist dunkelbraun gefärbt, der Hinterkörper oben tiefschwarz mit violettem Glanz. Sie webt kugelige Wohngespinste von ca. 5 mm Durchmesser, die auf ihrer Oberfläche mit kleinen Holzstückchen, Sandkörnern und dergl. bedeckt sind. Meistens sind langgestreckte Materialien, wie Kiefernnadelbruchstücke, mit in der Verkleidung enthalten. Die Gespinste findet man in der Nähe von Ameisennestern, z. B. unter Holzstücken oder seitlich an Steinen; oft sind es dieselben Steine, unter denen auch ihre Beutetiere nisten.
Z. germanicum ist leicht zu halten, läßt sich aber nur mit Ameisen füttern.Die Spinne nimmt Waldameisen genauso als Nahrung an wie Knotenameisen. Das Jagdverhalten ist hochinteressant und gut zu beobachten. Trifft die Spinne beim Umherlaufen mit einer Ameise zusammen, weicht sie blitzschnell zurück. Danach pirscht sie sich regelrecht von hinten an, indem sie einen weiten Bogen abschreitet. Sobald sie mit ,,schleichenden" Bewegungen wieder in die Nähe der Ameise – jetzt aber von hinten – gekommen ist, stürzt sie blitzschnell auf diese zu und bringt ihren Giftbiß an. Mit der gleichen Geschwindigkeit springt sie wieder zurück und wartet reglos. Nach etwa einer Minute beginnt das Gift zu wirken. Die Ameise torkelt zunächst, fällt dann um und bleibt mit letzten, zuckenden Bewegungen am Boden liegen. Inzwischen ist die Spinne wieder unterwegs und sucht jetzt mit tastenden Bewegungen ihr Opfer. Hat sie es gefunden, prüft sie vorsichtig tastend, ob sich die Ameise noch bewegt. Erst wenn diese reglos geworden ist, wird sie von der Spinne ausgesogen.
Die Lebensweise von Zodarion birgt offenbar zahlreiche Gefahren. So fand ich einmal unter fünf ausgewachsenen Spinnen nur eine, die noch alle Beine besaß; unter den übrigen Tieren war ein fünfbeiniges Männchen, das weiterhin erfolgreich Ameisen jagte.
Zodarion germanicum ist eine wärmebedürftige, südliche Spinne und bei uns sehr selten. Sie wurde bisher z. B. in der Würzburger Gegend und im Raum Erlangen-Nürnberg gefunden. Ich fand sie mehrfach bei Roth (südl. Nürnberg) am Rande eines sehr trockenen, sandigen Kiefernwaldes (gemeinsam mit Uloborus). Die Spinnen sind im Juni und Juli adult. Ab Juli kann man in den Schlupfwinkeln der Weibchen die Eikokons finden.

2 Schlupfwinkel von *Zodarion germanicum*, Roth FR 19. 7. 77
Zodarion germanicum mit erbeuteter Ameise, (Roth FR) 21. 7. 77

Familie Theridiidae (Kugelspinnen)

Die Kugelspinnen sind eine Familie relativ kurzbeiniger Spinnen mit meist rundlichem Hinterkörper. Kennzeichnendes Merkmal ist eine Reihe gesägter Borsten an der Unterseite des Hinterbeintarsus (S-34). (Dieses Merkmal ist jedoch auch der folgenden Familie, den Höhlenspinnen, eigen; Unterscheidung siehe dort.) Die meisten Kugelspinnen weben Haubennetze oder Deckennetze mit nach unten führenden Klebfäden. In wärmeren Ländern gibt es gefährliche Giftspinnen aus dieser Familie (z. B. Schwarze Witwe, Malmignatte); auch unsere Arten verfügen anscheinend über wirksame Gifte, da sie oft sehr große und wehrhafte Beutetiere, wie Wespen, überwältigen. Mit etwa 60 heimischen Arten gehören die Theridiiden zu den wichtigsten Netzspinnen unserer Fauna. Die meisten Arten sind aber nur mikroskopisch zu bestimmen.

Theridion impressum (= Theridium impressum)

Theridion impressum wird 4-5 mm groß, besitzt ein rötlichgelbes Prosoma und eine markante Hinterleibszeichnung: ein helles Band entlang der Rückenmitte wird von zwei schwarzen Längsstreifen, die durch drei oder vier helle Querlinien unterteilt sind, flankiert. *Th. impressum* ist eine sehr häufige Spinne auf sonnigem Ödland und an Wegrändern. Sie stellt dort in Bodennähe oder auf höheren Stauden ein typisches Haubennetz her. Zuoberst ist darin ein napfförmiger Schlupfwinkel angelegt, ganz in der Form eines umgedrehten Vogelnestes. Ab Juli sind die Spinnen ausgewachsen; im August findet man in den Schlupfwinkeln der Weibchen bläuliche Eikokons.

Th. impressum zeigt ein hochentwickeltes Brutfürsorgeverhalten. Die Jungspinnen werden durch vorverdaute Nahrung aus dem Mund der Mutter gefüttert (KULLMANN u. KLOFT 1968). Sie versammeln sich dazu vor der Mundöffnung der Mutterspinne, um dort Nahrungsbrei in Empfang zu nehmen. Später saugen sie selbst an den von der Spinne getöteten Beutetieren.

Neben *Th. impressum* gibt es bei uns eine zweite Art (*Theridion sisyphium = Th. notatum*), die völlig gleichartig gezeichnet ist und auch ein fast gleiches Brutverhalten zeigt. Diese Art ist schon ab Mai reif und läßt sich nur durch den Bau der Genitalien von *Th. impressum* trennen.

Achaearanea saxatile (= Theridion saxatile)

Diese Kugelspinne ist bei ca. 4 mm Größe meist rotbraun gefärbt und mit dunklen und hellen Flecken gezeichnet. Sehr auffällig ist ihr Schlupfwinkel: eine unten offene Röhre, die außen mit Sandkörnern, Holzstückchen und ähnlichem bedeckt ist. (NØRGAARD 1956). Diese bis 7 cm lange Wohnröhre ist durch horizontale und nach oben ziehende, starke Fäden befestigt. Von ihr ziehen Fangfäden zum Boden hinab. Diese Fangfäden sind nur auf den untersten 5-10 mm mit Klebtropfen bedeckt. Die wichtigsten Beutetiere sind Ameisen. Man findet die Netze von A. saxatile vor allem unter überhängenden, sehr trockenen Wegrändern, also an den gleichen Örtlichkeiten, die auch von den bekannten Ameisenlöwen (Myrmeleon) bevorzugt werden.

Haubennetz von *Theridion impressum*, Ringingen SA 4. 8. 7.
Theridion impressum mit Eikokon, Ringingen SA 4. 8. 7.
Achaearanea saxatile, Wohnröhre, Ringingen SA IX. 7.
A. saxatile mit erbeut. Ameise vor Wohnr., Ringingen SA 3. 8. 7.

Familie Theridiidae (Kugelspinnen)

Enoplognatha ovata (= Theridion ovatum, Th. redimitum)

Enoplognatha ovata gehört mit 6-7 mm Körperlänge zu unseren größten Kugelspinnen. Das Prosoma ist hellgelb gefärbt mit einem schwarzen Mittelband, das vor den Augen endet. Das ebenfalls gelbe Opisthosoma kann mit zwei roten Längsstreifen gezeichnet oder oben ganz rot sein. Man hat nach der unterschiedlichen Hinterleibsfärbung mehrere Formen unterschieden, die aber keine systematische Bedeutung besitzen.
Die Spinne gehört bei uns zu den häufigsten Arten dieser Familie. Sie lebt auf Gebüsch und niederen Pflanzen, vor allem an Wald- und Wegrändern. Ihr Netz ist ein unregelmäßiges Gespinst mit einem Schlupfwinkel aus zusammengesponnenen Blättern.
Im Juli ist *E. ovata* ausgewachsen. Nach der Paarung stellt das Weibchen einen kugeligen, bläulich oder grünlich gefärbten Eikokon her, den es in seinem Schlupfwinkel befestigt. Die geschlüpften Jungspinnen nehmen auch bei dieser Art am Mahl der Mutterspinne teil.
Man findet die Schlupfwinkel von *E. ovata* am einfachsten, wenn man an Waldwegen nach zusammengesponnenen Himbeerblättern sucht.

Theridion pallens

Theridion pallens erreicht nur 1,7 mm Körperlünge und ist damit ein ausgesprochener Zwerg unter den Spinnen unserer Fauna. (Es gibt aber auch noch kleinere Arten, z. B. unter den Zwergspinnen.) Die Spinne ist am ganzen Körper etwas durchscheinend gelblichweiß gefärbt. Manche Exemplare, besonders Männchen, besitzen eine graue bis schwarze Hinterleibszeichnung und ein dunkles Längsband auf dem Prosoma. Die Reifezeit liegt vor allem im Mai und Juni.
Trotz der geringen Größe ist *Th. pallens* verhältnismäßig einfach zu finden. Die Spinne lebt vorzugsweise unter Eichenblättern, kommt aber beispielsweise auch in Fichtenwäldern vor. An Waldrändern mit Eichengebüsch wird man sie selten vergeblich suchen. Besonders in Klopffängen von derartigen Stellen ist sie fast immer enthalten.
Im Juni/Juli findet man an den gleichen Örtlichkeiten die auffälligen Eikokons, die bei nur 2 mm Größe zu den schönsten Spinnenkokons zählen. Die schneeweißen, kugeligen Gespinste sind in eine Spitze ausgezogen und ringsum mit weiteren Spitzen verziert. Sie enthalten etwa 20 gelbliche Eier.

Enoplognatha ovata mit Eikokon, (Ötztal/Tirol) 2. 8. 83
Theridion pallens mit Eikokon, (Wiblingen OS) 17. 6. 77

Familie Theridiidae (Kugelspinnen)

Steatoda bipunctata (Fettspinne)

Die Fettspinne, so genannt wegen ihrer glänzenden Körperoberfläche, ist dunkel rotbraun gefärbt mit einem nicht immer deutlichen, hellen Längsstreifen auf dem etwas abgeplatteten Hinterkörper. Die etwa 5-7 mm große Spinne ist wohl die häufigste aller Hausspinnen. Es gibt kaum Gebäude, in denen sie ganz fehlt. Sie lebt aber auch im Freien an Baumrinde und Felsen.
Steatoda webt ein unregelmäßiges Deckennetz, von dem aus Fangfäden nach unten ziehen. Reife Tiere findet man das ganze Jahr über; die Paarungszeit liegt aber vorzugsweise im Herbst. Die Männchen verfügen über einen wohlentwickelten Stridulationsapparat. Der Hinterrand der Prosoma trägt Schrilleisten, der Vorderrand des Opisthosoma mehrere Dornen. Die damit erzeugten Zirptöne sind auch für das menschliche Ohr hörbar; die Spinnenweibchen hören sie vermutlich durch ihre „Hörhaare", die Trichobothrien.

Familie Nesticidae (Höhlenspinnen)

Die Nesticiden – bei uns kommt nur eine Art vor – erinnern in ihrer Körpergestalt sehr an Kugelspinnen. Auch das Fangnetz (Deckennetz mit nach unten ziehenden Fangfäden) sowie der Borstenkamm am 4. Tarsus sind kugelspinnenartig. Das wichtigste Unterscheidungsmerkmal ist die Unterlippe, die bei Nesticus einen glänzenden Endwulst besitzt. Bei den Kugelspinnen fehlt eine derartige Bildung.

Nesticus cellulanus

Nesticus cellulanus wird etwa 5 mm lang; der Körper ist gelblich bis hellgrau gefärbt und mit unscharf begrenzten, dunklen Flecken gezeichnet. Die Spinne zeigt eine Vorliebe für Feuchtigkeit und Dunkelheit. Man findet sie in Höhlen und Stollen, aber auch in Kellern. Es handelt sich somit um kein echtes Höhlentier.
Die Spinne webt in Gesteinsfugen und Mauerritzen ein unregelmäßiges Deckennetz, von dem Fangfäden mit meist deutlich sichtbaren Klebtropfen nach unten führen. Im Juli trägt das Weibchen seinen Eikokon nach Art der Wolfspinnen mit den Spinnwarzen. Die schlüpfenden Jungspinnen versammeln sich zunächst auf der Oberfläche des Kokons; dieser wird wenig später abgesetzt. *N. cellulanus* ist bei uns weit verbreitet, kommt aber meist in geringer Individuenzahl vor.

Steatoda bipunctata, (Rotenburg LH) 27. 12. 77
Nesticus cellulanus, (Höhle im Gr. Lautertal SA) 5. 12. 77

Familie Linyphiidae (Baldachinspinnen)

In neuerer Zeit werden die früher getrennt aufgeführten Baldachinspinnen und Zwergspinnen zu einer Familie zusammengefaßt. Die etwa 300 Arten dieser jetzt größten Spinnenfamilie unserer Fauna sind meist nur mikroskopisch anhand der Genitalien zu bestimmen. Daher werden nur wenige Arten vorgestellt, die bereits bei schwacher Vergrößerung erkennbar sind oder sich durch eine ungewöhnliche Lebensweise auszeichnen. Auffälliger als die Spinnen selbst sind bei den meisten Arten die Netze. Sie bestehen aus einem von unten verspannten Teppich und darüber einem Gewirr von Fäden, das die Aufgabe hat, Fluginsekten zum Absturz zu bringen. Die Spinne lauert bauchoben unter dem Gespinstteppich und greift die heruntergefallene Beute durch das Gewebe hindurch. Bei manchen Arten ist dieser Netztyp etwas abgewandelt.

Linyphia triangularis

L. triangularis ist eine der häufigsten Spinnen unserer Fauna. Ihre Netze überziehen im Spätsommer und Herbst überall die Gebüsche und sind im Morgentau sehr auffällig. Der Hinterkörper der Spinne ist etwas höher als breit und dorsal mit einer Blattzeichnung versehen. Das Prosoma weist hinter den Augen eine markante, nach vorn offene „Stimmgabel"-Zeichnung auf, durch die *L. triangularis* leicht ansprechbar ist (s. untere Abb.). Die Bauchseite ist dunkel und kontrastiert deutlich gegen die helle Rückenfarbe. Eine solche „Verkehrt"-Färbung ist typisch für Tiere, die normalerweise ihre Bauchseite nach oben kehren; von oben betrachtet, erscheinen sie vor dem Erdboden dunkel – von unten gegen den Himmel hell.
Reife Tiere findet man von August bis Oktober. Die Männchen sind – außer an ihren verdickten Pedipalpen – an den stark vergrößerten Cheliceren zu erkennen. Damit erkämpfen sie sich untereinander günstige Plätze an und in den Netzen der Weibchen. Werbung und Paarung können sich über viele Stunden hinziehen. Nach der Trennung beißt das Männchen ein etwa 1 cm großes, ovales Loch in den Gespinstteppich des Weibchens und spinnt darin ein gabelförmiges Spermanetz (s. auch Kap. Balz und Paarung). Anschließend setzt es aus seiner Genitalöffnung einen Spermatropfen auf der Gabel ab und saugt ihn dann mit den Pedipalpen auf. Danach ist das Spinnenmännchen wieder paarungsbereit.

Fangnetz von *Linyphia triangularis*, Wiblingen OS X. 76
Linyphia triangularis im Netz, Rotenburg LH X. 75
Linyphia triangularis, Ringingen SA 4. 10. 83

Familie Linyphiidae (Baldachinspinnen)

Linyphia marginata (= L. radiata)

Linyphia marginata wird bis 6 mm lang. Ihr Prosoma ist gelb oder braun mit breitem, hellem Rand, ohne jede dunkle Zeichnung. Die Grundfärbung des Opisthosoma ist hellgelb bis weiß. Einen starken Kontrast hierzu bildet die scharf abgesetzte, schwarze Zeichnung auf Bauchseite und Rücken des Hinterkörpers. Zwischen diesen dunklen Flächen liegen seitliche Schrägstreifen und Längsflecken, so daß die Spinne insgesamt einen recht bunten Eindruck macht.
Die Netze von *L. marginata* weichen deutlich vom typischen Linyphia-Netz ab, denn die Gespinstdecke ist kuppelförmig emporgewölbt. Die Art lebt in trockenen, lichten Nadelwäldern und auf Heiden. Sie ist von Mai bis Juli adult. Die Paarung (s. Abb.) findet vorzugsweise im Juni statt. Beide Partner hängen bauchoben im Netz; das Männchen führt abwechselnd beide Taster in die weibliche Epigyne ein. Beim eingeführten Taster sieht man die Haematodocha (Tasterblase) anschwellen und kollabieren (nähere Einzelheiten werden im Kap. Balz und Paarung geschildert).

Drapetisca socialis

Drapetisca socialis erreicht 4 mm Körperlänge. Das Prosoma ist gelblich mit radiären und medianen Verdunklungen, das verhältnismäßig flache Opisthosoma weißgelb mit unscharfer, dunkler Fleckenzeichnung. Die Spinne lebt sehr häufig und oft in großer Zahl an glattrindigen Baumstämmen, vor allem Buchen, und ist leicht zu finden. Sie ist im Herbst adult.
Lange Zeit glaubte man, daß *D. socialis* keine Netze baut. Erst vor kurzem konnte KULLMANN nachweisen, daß die Art doch Netze herstellt, wenn auch in stark abweichender Form (KULLMANN 1961). Die Spinne webt dünne Gespinstteppiche flach auf der Stammoberfläche. Diese fast unsichtbaren Netze sind etwa 6 cm breit und 4 cm hoch. Sie enthalten anscheinend keine Klebtropfen und alarmieren die Spinne wohl einfach durch die von Beutetieren hervorgerufenen Erschütterungen. *D. socialis* ist recht scheu und flieht bei Beunruhigung sofort aus ihrem Gespinst; auch dies ist ein Grund dafür, daß man sie bisher stets für einen umherschweifenden Jäger hielt.

Paarung von *Linyphia marginata*, Erlangen FR 17. 6. 76
Drapetisca socialis, Ringingen SA 2. 10. 83

Familie Linyphiidae (Baldachinspinnen)

Leptyphantes cristatus

Mit 2-2,5 mm Körperlänge gehört *L. cristatus* zum unübersehbaren Heer kleiner Linyphiiden. Die artenreiche Gattung Leptyphantes (bei uns ca. 20 Arten) ist dadurch gekennzeichnet, daß alle Borsten an den Beinen völlig gerade sind. Die gezeigte Art ist nur mikroskopisch sicher zu erkennen. Sie soll hier aber gezeigt werden, da sie durch eine sehr ungewöhnliche Lebensweise auffällt: *L. cristatus* ist eine „Schneespinne".

Die Art hat ihre Reifezeit im Winter — wie übrigens viele andere Linyphiiden auch. Während die anderen Arten nur selten zu beobachten sind, kann man *L. cristatus* — an Waldwegen etwa — durchaus in größerer Zahl über die Schneeoberfläche laufen sehen. Die Weibchen suchen hier nach kleinen Löchern in der Schneedecke, wie sie z. B. durch Wildspuren entstehen. In solchen Löchern von vielleicht 5 cm Durchmesser und ca. 10-20 cm Tiefe spannen sie ihr unscheinbares Deckennetz ca. 5 cm unter der Schneeoberfläche aus. Als Beute kommen vor allem Springschwänze und verschiedene Mücken in Frage, die zur gleichen Zeit anzutreffen sind. Die Mänchen suchen die Weibchen in ihren Netzen auf und paaren sich mit ihnen — mitten im Winter.

Porrhomma rosenhaueri

P. rosenhaueri ist wie die vorgenannte Art sehr unscheinbar, aber auch sie ist durch Anpassung an extreme Lebensbedingungen gekennzeichnet. Innerhalb der Gattung Porrhomma — alle Arten etwa 2, z. T. auch 3 mm groß — gibt es eine Anpassungsreihe von normalen Waldbodenbewohnern bis zu echten Höhlentieren. Am Anfang dieser Reihe steht *P. pygmaeum,* die außer am Waldboden auch im Eingangsbereich von Höhlen auftritt. Sie ist dunkel pigmentiert, relativ kurzbeinig und hat normale Augen. Am Ende der Reihe finden wir *P. rosenhaueri,* die noch niemals außerhalb von Höhlen angetroffen wurde. Ihr Körper ist bleich gefärbt, die Beine sind stark verlängert, die Augen völlig zurückgebildet. Zwischen diesen beiden Arten vermitteln weitere, die eine mehr oder weniger bleiche Körperfarbe und teilweise reduzierte Augen aufweisen.

Wie für echte Höhlentiere typisch, ist *P. rosenhaueri* zu allen Jahreszeiten in jedem Entwicklungsstadium anzutreffen. (Im Inneren von Höhlen fehlt ein jahresperiodischer Zeitgeber.) Meist findet man aber nur wenige Individuen in einer Höhle, da die Nahrung — vorwiegend höhlenbewohnende Springschwänze — auch nur in geringer Zahl vorkommt. Die bisher bekannten Fundorte liegen auf der Fränkischen und der Schwäbischen Alb — möglicherweise ist die Spinne aber weiter verbreitet.

L. cristatus mit Fangnetz im Schnee, Humlangen OS 3. 3. 81
P. rosenhaueri im Fangnetz, Höhle im Gr. Lautertal SA 20. 12. 81

Familie Linyphiidae (Baldachinspinnen)

Unterfamilie Erigoninae (Zwergspinnen)

Etwa zwei Drittel aller Linyphiiden gehören zur Unterfamilie der Zwergspinnen. Keine ihrer Arten erreicht mehr als 4, die meisten nur 1-2 mm Körperlänge. Eine Artbestimmung ist sehr schwierig. Bei starker Vergrößerung enthüllen viele Arten jedoch einen schier unglaublichen Formenreichtum, besonders die Männchen. Diese sind oft durch höchst bizarre Auswüchse in der Kopfregion ausgezeichnet, auf denen meist die Augen liegen. Die Funktion dieser Auswüchse ist bisher nur in wenigen Fällen, etwa bei *Enidia bituberculata* (s. u.), geklärt. Die Zwergspinnen bewohnen vor allem die Streuschicht des Waldbodens, wo sie kleine Gespinstteppiche weben. Innerhalb der Linyphiiden sind sie durch nur eine dorsale Borste an den Hintertibien (statt 2) gekennzeichnet.

Walckenaeria acuminata

Walckenaeria acuminata gehört mit 3-3,7 mm Körperlänge zu den „Riesen" unter den Zwergspinnen. Das Männchen besitzt in der Kopfregion einen roßhaardünnen, ca. 1 mm aufragenden und etwas nach vorn gebogenen Fortsatz, auf dem alle acht Augen liegen. Beim Weibchen ist an der gleichen Stelle ein konischer Hügel entwickelt. *W. acuminata* kommt in ganz Deutschland nicht selten vor. Die Art lebt am Waldboden wie auch in Wiesengelände und ist im Winter (Oktober - April) adult. Man findet sie am besten durch Sieben der Streuschicht oder durch Absuchen der Schneeoberfläche an sonnigen, milden Wintertagen.

Enidia bituberculata (= Hypomma bituberculatum)

Enidia bituberculata ist eine der häufigsten Zwergspinnen. Sie wird 2-3 mm groß und lebt überall am Ufer von Gewässern auf Gräsern und anderen Pflanzen. Im Mai und Juni sind die Spinnen ausgewachsen. Während das Weibchen keine markanten Merkmale aufweist, ist das Männchen durch zwei blasenförmige Auftreibungen über der Augenregion ausgezeichnet. Darunter liegen beiderseits deutliche Längsfurchen. BRISTOWE konnte zeigen, daß das Weibchen bei der Kopula seine Chelicerenklauen in diese Furchen einrastet (BRISTOWE 1971). Damit konnte zum ersten Mal eine Funktion der merkwürdigen Kopfauswüchse von Zwergspinnenmännchen nachgewiesen werden. Für weitere biologische Untersuchungen bieten die Zwergspinnen noch ein fast unerschöpfliches Betätigungsfeld.

Walckenaeria acuminata, Männchen, (Gerhausen SA) 18. 12. 77
Enidia bituberculata, Männchen, (Roggenburg BS) 11. 5. 81

Familie Araneidae (Radnetzspinnen)

Die Araneiden sind sicher die bekanntesten Spinnen überhaupt. Die Arten dieser Familie erinnern im Körperbau sehr an die Baldachinspinnen. Beide Familien unterscheiden sich durch die Position der Augen: während bei Baldachinspinnen die vordere Augenreihe weit von der Basis der Cheliceren entfernt ist (S-37), entspricht bei den Radnetzspinnen der Abstand der vorderen Mittelaugen vom Unterrand der Stirn etwa dem Augendurchmesser (S-36).
Wesentlich einfacher sind die Araneiden durch ihre markanten Radnetze zu erkennen. Diese bestehen im wesentlichen aus zahlreichen Radien und einer Fangspirale mit Klebtropfen. Diese Radnetze können mannigfach abgewandelt sein, etwa durch eine offene Nabe (ein „Loch" in der Mitte), ausgesparte Sektoren oder Stabilimente – breite Seidenbänder mit vermutlich Tarnfunktion. Außer bei den Araneiden kommen Radnetze nur noch bei Tetragnathiden (dort als radienarme Netze mit stets offener Nabe) und Uloboriden (hier mit cribellaten Fangfäden) vor.
Die Weibchen sind oft recht groß und auffällig gefärbt. Die meisten Arten sind schon nach ihrem Zeichnungsmuster anzusprechen. Die Männchen sind im allgemeinen sehr viel kleiner und schwieriger zu bestimmen. In Deutschland kommen etwa 50 Arten vor.

Araneus diadematus (= Aranea diadema) (Gartenkreuzspinne)
Die Gartenkreuzspinne, mit ca. 15 mm Körperlänge eine unserer größten Spinnen, ist an der auffälligen Kreuzzeichnung auf dem Hinterkörper leicht zu erkennen. (Vergl. aber die beiden folgenden Arten!) Auch die nur 5-10 mm großen Männchen zeigen das gleiche Zeichnungsmuster. Die Grundfarbe kann zwischen gelbbraun und schwarzbraun variieren.
Die Spinne sitzt tagsüber meist in der Netzmitte. Manche Exemplare findet man auch – besonders bei trübem Wetter – seitlich vom Netz in einem Schlupfwinkel.
Reife Tiere findet man ab August. Zur Paarung nähert sich das Männchen sehr vorsichtig. Es spinnt zum Netz des Weibchens einen Werbefaden, an dem es ständig zupft. Das Spinnenweibchen zeigt schließlich seine Paarungsbereitschaft, indem es sich reglos kopfunten am Werbefaden festhält, die Bauchseite mit der Genitalöffnung zum Männchen gerichtet. Dieses springt blitzschnell auf das Weibchen, führt einen Taster in die Genitalöffnung ein und entfernt sich bereits nach wenigen Sekunden.
Im September oder Oktober stellt das Weibchen im Grase meist mehrere Eikokons her, die außen mit gelber Fadenwatte umgeben sind. Die Jungspinnen schlüpfen im folgenden Frühjahr, überwintern halbwüchsig und werden erst im zweiten Jahr erwachsen.

Araneus diadematus, Rotenburg LH VIII.

Familie Araneidae (Radnetzspinnen)

Araneus quadratus (= Aranea reaumuri) (Vierfleck-Kreuzspinne)

Araneus quadratus erreicht etwa die Größe der Gartenkreuzspinne, erscheint durch ein breiteres Opisthosoma aber massiger. Das Zeichnungsmuster besteht aus vier schräggestellten, weißen Flekken, die zusammen ein nach vorn verschmälertes Trapez bilden. Das vordere Fleckenpaar bildet oft mit weißen Längsflecken ein Kreuz wie bei *A. diadematus.* Die Färbung ist äußerst variabel. Es kommen fast weiße Exemplare direkt neben dunkelbraunen, kirschroten oder orangefarbenen Stücken vor.

A. quadratus sitzt tagsüber meist in einer glockenförmigen, unten offenen Retraite neben dem Netz. Die Art ist etwa ebenso häufig wie die Gartenkreuzspinne, stellt aber höhere Ansprüche an den Lebensraum. Sie kommt am häufigsten auf langgrasigen, verkrauteten Wiesen vor, wobei der Grad der Feuchtigkeit unwichtig ist. Ihr Netz ist fast immer dicht über dem Boden. Die Reifezeit entspricht etwa der von *A. diadematus;* die Entwicklung ist jedoch einjährig.

Araneus marmoreus (= Aranea raji) (Marmorierte Kreuzspinne)

Araneus marmoreus ähnelt in Größe und Zeichnung ebenfalls der Gartenkreuzspinne. Das Opisthosoma ist oval, also in der Mitte am breitesten, während es bei *A. diadematus* nach dem ersten Drittel am breitesten ist. Vorn am Opisthosoma liegen 3 weiße Flecken in einem Dreieck; durch weitere Flecken kann wieder ein Kreuzmuster ausgebildet sein. Ansonsten ist der Hinterkörper in sehr unterschiedlicher Weise gefärbt und meist auffallend stark gescheckt. Bei der abweichend gefärbten Form *A. marmoreus f. pyramidatus* ist der Hinterleibsrücken zitronengelb mit fast schwarzer Blattzeichnung in der hinteren Hälfte.

A. marmoreus ist etwas seltener als *diadematus* und *quadratus,* kommt aber ebenfalls fast überall in Deutschland vor. Vorzugsbiotope dieser Art sind etwas feuchte Ödlandflächen oder Wiesen mit Gebüsch und Waldränder. Die Marmorierte Kreuzspinne sitzt wie *A. quadratus* tagsüber in einer glockenförmigen Retraite neben dem Netz. Auch sie gehört zu den herbstreifen Radnetzspinnen.

Araneus quadratus, Rotenburg LH IX. 75
Araneus quadratus, Rotenburg LH IX. 75
Araneus marmoreus, Günzburg BS IX. 76
Araneus marmoreus f. pyramidatus, Rotenburg LH X. 75

Familie Araneidae (Radnetzspinnen)

3 Araneus alsine

Araneus alsine ist sicher die schönste Araneus-Art. Sie wird etwa 15 mm groß. Der leuchtend orangefarbene, fast kugelige Hinterkörper ist mit zahlreichen, gelblichweißen Punkten gesprenkelt. Die Spinne sitzt stets in einem tütenförmig zusammengerollten, trockenen Blatt neben dem Netz. Man kann sie nur finden, indem man nach derartigen, unten offenen Blattüten sucht, die durch ihre Aufhängung an Spinnfäden frei zu schweben scheinen. Aufgrund ihrer versteckten Lebensweise wird diese Art nur selten gefunden, ist aber in ihrem typischen Lebensraum – feuchte, grasige Waldlichtungen und Sumpfwiesen – bei systematischer Suche fast immer zu entdecken. Die Reifezeit liegt im Juni/Juli.

2 Araneus angulatus (Gehörnte Kreuzspinne)

Bei der ca. 15 mm großen Gehörnten Kreuzspinne ist das Opisthosoma vorn in zwei deutliche Schulterhöcker ausgezogen. Zwischen diesen Höckern liegt eine dichte Gruppe kleiner, weißer Flecke. Die Färbung ist meist dunkelbraun. *A. angulatus* ist eine typische Spinne lichter Wälder, wo sie ihr Netz oft an einem sehr langen Faden (bis 5 m) von Baum zu Baum befestigt. Da die Spinne tagsüber meist am Ende des Brückenfadens sitzt, findet man sie am besten, indem man am Ende auffallend langer und starker Spinnfäden nach ihr sucht. Reife Tiere gibt es von Ende Juni bis Anfang September.

Araneus bituberculatus

Bei *Araneus bituberculatus* stehen zwei Schulterhöcker seitlich vom Hinterkörper ab, so daß dieser die Form eines Wappens erhält. Die Schulterhöcker sind immer zweifarbig: vorn dunkel, hinten deutlich abgesetzt weißlich. Die Färbung der bis zu 9 mm großen Spinne kann zwischen rotbraun und gelbbraun variieren. Sie lebt in sonnigem, trockenem Gelände und ist im Mai reif. Das stark geneigte bis fast waagerechte Radnetz ist stets in Bodennähe angelegt. *A. bituberculatus* ist weit verbreitet, wird aber meist einzeln angetroffen.

Araneus ceropegius (= Aculepeira ceropegia) (Eichblatt-Radspinne)

Araneus ceropegius, eine ebenfalls ca. 15 mm große Radnetzspinne, ist an der charakteristischen „Eichblatt"-Zeichnung des Hinterkörpers leicht zu erkennen. Die Spinne sitzt tagsüber auf der Nabe oder auf einer tellerförmigen, frei sichtbaren Warte (s. Abb.). Die Eichblatt-Radspinne ist vor allem im südlichen Deutschland (hier besonders im Bergland) verbreitet und wird nach Norden immer seltener, fehlt aber auch dort nicht ganz. Sie lebt meist auf sonnigem Ödland und Wiesen unterschiedlicher Feuchtigkeit. Im Juni und Juli findet man reife Tiere.

Araneus alsine, Rotenburg LH VIII. 74
Araneus angulatus, Rotenburg LH VII. 75
Araneus bituberculatus, Oberbergen KS 16. 5. 76
Araneus ceropegius, Allmendingen SA 8. 6. 76

Familie Araneidae (Radnetzspinnen)

Araneus redii (= Agalenatea redii) (Körbchenspinne)

Araneus redii erreicht bis 7 mm Körperlänge. Das Opisthosoma ist flaumhaarig, mit einem hell umrandeten Mittelfleck gezeichnet und meist etwas breiter als lang. Die Zeichnung kann ansonsten stark variieren. Die häufige Spinne bewohnt vorzugsweise sonniges Ödland. Sie hält sich auf der Nabe oder neben dem Netz in einem napfförmigen, oben offenen Schlupfwinkel auf. Die Art ist schon sehr früh im Jahr (April/Mai) ausgewachsen.

Araneus umbraticus (= Aranea sexpunctata, Nuctenea umbratica) (Spaltenkreuzspinne)

Durch ihren stark abgeflachten Körper ist die bis 12 mm große Spaltenkreuzspinne ein prädestinierter Spaltenbewohner. Nur nachts sitzt die dunkelbraune, leicht kenntliche Art in ihrem Radnetz. Ihr Netz ist immer deutlich exzentrisch, und zwar ist die Nabe zum Schlupfwinkel hin verschoben. *A. umbraticus* lebt besonders an Baumstämmen mit losgelöster Rinde, an Zaunpfählen und Gebäuden. Die weitverbreitete Art kann das ganze Jahr über auch adult angetroffen werden.

Araneus cornutus (= Aranea foliata, Nuctenea cornuta) (Schilfradspinne)

Die bis 12 mm große Schilfradspinne ist hellgrau bis gelbbraun gefärbt und besitzt als kennzeichnendes Merkmal vorn auf dem Opisthosoma einen dunklen Keilfleck mit nach hinten erweiterter, heller Umrandung. *A. cornutus* lebt sehr häufig am Ufer von Gewässern, oft in großer Individuenzahl. Tagsüber sitzt die Spinne meist in ihrer Retraite. Reife Tiere sind während des ganzen Jahres anzutreffen.

Araneus sclopetarius (= Aranea undata, Nuctenea sclopetaria) (Brückenkreuzspinne)

Die Brückenkreuzspinne ähnelt sehr der gleichgroßen, vorangegangenen Art. Ihr Opisthosoma ist aber etwas abgeflacht, der Keilfleck meist nur ganz schwach umrandet. Besonders markant ist ein heller, V-förmiger Haarstreifen, der die Kopfpartie vom hinteren Bereich des Prosoma trennt. *A. sclopetarius* ist eine geradezu klassische Brükkenspinne. Man findet sie mit großer Regelmäßigkeit an menschlichen Bauwerken über und neben fließendem Wasser, außer an Brücken auch an Hauswänden und Straßenlaternen. Die Spinne sitzt tagsüber im Schlupfwinkel, nachts im Netz. Sie ist fast das ganze Jahr hindurch in ausgewachsenen Exemplaren zu finden.

Araneus redii, Posthausen bei Bremen IV. 76
Araneus umbraticus, (Rotenburg LH) IV. 75
Araneus cornutus, Niemetal SN VII. 75
Araneus sclopetarius, Baustetter Ried OS IX. 76

Familie Araneidae (Radnetzspinnen)

Araneus cucurbitinus (= Araniella cucurbitina) (Kürbisspinne)

Die Kürbisspinne ist eine unserer häufigsten Radnetzspinnen. Sie wird nur 6-7 mm groß und ist daher leicht zu übersehen. Das Prosoma ist bräunlich, das Opisthosoma gelbgrün mit meist 4 Paaren schwarzer Punkte. Die Spinne webt ihr kleines Radnetz gern flach auf einem großen Blatt. Schon im Mai kann man die ersten ausgewachsenen Tiere finden.

Zygiella x-notata (= Zilla litterata) (Sektorspinne)

Die Sektorspinne erreicht bis zu 10 mm Körperlänge. Sie ist gelbbraun gefärbt mit einer typischen Blattzeichnung auf dem Hinterkörper. Sehr kennzeichnend ist ihr Netz: ein Radnetz, bei dem ein breiter Sektor ausgespart ist. In diesem Bereich verläuft ein Signalfaden zum Schlupfwinkel der Spinne. Sobald aber der Signalfaden, bedingt durch die Lage des Schlupfwinkels, mit der Netzebene einen Winkel von mehr als 40° bildet, baut die Spinne ein volles Radnetz, wie übrigens Jungspinnen dieser Art auch. Die Sektorspinne ist von Juli bis spät in den Herbst adult anzutreffen. Sie ist häufig überall an Gebäuden. Es gibt noch vier weitere, z. T. sehr ähnliche Zygiella-Arten.

Meta segmentata (= M. reticulata) (Herbstspinne)

Bei der Gattung Meta sind die Laden der Pedipalpencoxen etwa doppelt so lang wie breit (bei Araneus dagegen ungefähr so lang wie breit). Im Gegensatz zu allen übrigen Araneiden weben die Meta-Arten Netze mit offener Nabe. Dadurch ergeben sich Verwechslungsmöglichkeiten mit den Tetragnathiden (Unterschied s. dort).
Meta segmentata, die Herbstspinne, ist neben *Linyphia triangularis* und *Araneus diadematus* die dominierende Spinne herbstlicher Waldwege. Die bis 8 mm große Art besitzt bei gelblicher bis grünlicher Grundfärbung eine undeutliche, meist rötliche Blattzeichnung auf dem Hinterleibsrücken. Auf der Dorsalseite des Prosoma verläuft eine dunkle Längsbinde, die sich nach vorn gabelt.
Zur Paarungszeit sitzen die Männchen, oft zu mehreren, am Rande der Netze der Weibchen. Sie warten darauf, daß ein Beutetier ins Netz fliegt. Sofort eilen alle Männchen zur Beute; das schnellste von ihnen wickelt das zappelnde Insekt in Spinnfäden ein und versucht sein Glück wenig später bei dem durch Nahrungsaufnahme abgelenkten Weibchen.
Die Herbstspinne ist fast überall häufig, vor allem an Wegrändern, auf Ödland und Waldlichtungen. Sie ist ab Ende August erwachsen. Im September und Oktober spinnen die Weibchen kugelige, weiße Eikokons an Zweigen oder Baumrinde.

Araneus cucurbitinus, Rotenburg LH VII. 75
Zygiella x-notata, (Rotenburg LH) IX. 75
Meta segmentata, Rotenburg LH IX. 75
Meta segmentata, Netzzentrum, Wiblingen OS IX. 76

Familie Araneidae (Radnetzspinnen)

Meta menardi (Höhlenkreuzspinne)

Die Höhlenkreuzspinne, eine der imposantesten Spinnen unserer Heimat, erreicht 15 mm Körperlänge und erscheint durch ihre langen Beine oft geradezu riesig. Die Grundfärbung von Prosoma und Beinen ist rotbraun. Das hochgewölbte Opisthosoma besitzt vorn an den Seiten je einen großen, schwärzlichen Fleck; dazwischen liegt eine helle Mittelpartie. Nach hinten ist es wieder verdunkelt, so daß die Spinne insgesamt einen recht dunklen Eindruck macht. Das ganze Tier glänzt auffällig. Die Jungspinnen ähneln übrigens den Erwachsenen nur wenig; sie haben ein sehr helles, weißliches Opisthosoma mit Blattzeichnung.

Meta menardi hat ihre größte Häufigkeit im Bergland des südlichen und mittleren Deutschland. Hier besiedelt sie oft in großer Individuenzahl die Eingänge von Höhlen und Stollen, daneben auch dunkle, feuchte Keller. Mit sinkender Temperatur weicht sie im Winter weiter ins Höhleninnere zurück. In Anbetracht ihrer Größe ist das Netz dieser Spinne recht klein; es erreicht höchstens 30 cm im Durchmesser, hat weniger als 20 Radien und, wie für Meta typisch, eine offene Nabe.

Es ist erstaunlich, daß eine so große Spinne, noch dazu in hoher Individuenzahl, einen Lebensraum mit so kargem Nahrungsangebot bewohnen kann. *M. menardi* ist offenbar sehr genügsam. In ihren Netzen findet man kleine Mücken, Asseln und Tausendfüßer, nur selten einmal Falter oder Köcherfliegen, die Höhlen als Überwinterungsplätze aufsuchen.

Ihre Entwicklung dauert mindestens zwei Jahre, möglicherweise auch länger. Reife Spinnen kann man das ganze Jahr über finden. Von Juli bis September stellen die Weibchen etwa 2 cm große, ballonförmige Eikokons von reinweißer Farbe her. Diese sind mit einem unregelmäßigen, dicken Fadenstrang an Höhlenwand oder -decke befestigt und lassen im durchscheinenden Licht im Innern einige hundert gelbe Eier erkennen. Das Spinnenweibchen sitzt noch einige Zeit neben seinem Kokon. Die Jungen schlüpfen oft mitten im Winter.

Neben der Höhlenkreuzspinne kommt im Eingangsbereich wasserführender Höhlen eine weitere Meta-Art, *M. merianae*, vor. Diese Art ist kleiner (bis 10 mm) und besitzt einen niedrigeren, glanzlosen Hinterkörper.

Meta menardi mit Eikokon,
Kanalisationsschacht bei Reinhausen SN VIII. 75

Familie Araneidae (Radnetzspinnen)

Singa hamata (Glanzspinne)

Singa hamata besitzt einen stark glänzenden Körper; das Prosoma der 6 mm großen Spinne ist braunschwarz, das Opisthosoma mit einer charakteristischen, schwarzen Zeichnung auf weißem Grund (s. Abb.). Die Glanzspinne lebt meist auf sonnigem, etwas feuchtem Ödland. Sie spinnt ihr kleines Radnetz vorzugsweise in vorjährigen, trockenen Pflanzen oder Heidekraut und hält sich daneben in einem versponnenen Schlupfwinkel auf. Sie ist im Mai und Juni reif. Die Jungspinnen leben noch eine Weile im Schlupfwinkel mit der Mutter. Neben *S. hamata* kommen bei uns fünf weitere, z. T. ähnliche Arten dieser Gattung vor.

Cyclosa conica (Kreisspinne)

Die Kreisspinne erreicht bis 8 mm Körperlänge und ist an der charakteristischen Form des Opisthosoma leicht kenntlich. Dieses ist nach hinten oben in einen deutlichen Zipfel ausgezogen, der das Hinterleibsende mit der Spinnwarzenregion deutlich überragen kann. Die Zeichnung ist äußerst variabel. Die Spinne sitzt stets auf der Nabe ihres sehr regelmäßig gewobenen Netzes. (Der Name Kreisspinne nimmt auf die regelmäßige Form des Netzes Bezug.) Über und unter der Nabe ist ein bandförmiges Stabiliment eingewoben, auf dem oft Beutereste befestigt sind. Bei Störungen versetzt die Spinne ihr Netz in schnelle Schwingungen oder läßt sich fallen. Sie lebt vor allem auf Fichten und ist überall häufig. Die Reifezeit liegt im Mai und Juni.

Cyclosa oculata

Die nur 5 mm große *Cyclosa oculata* unterscheidet sich von *C. conica* deutlich durch das hinten vierspitzige Opisthosoma. Die seltene Spinne lebt an warmen, meist trockenen Orten in niedriger Vegetation. Ihr Netz gleicht weitgehend dem der Kreisspinne, befindet sich aber immer dicht über dem Boden. Die Art ist im Juni und Juli reif. Die Weibchen befestigen ihre Eikokons auf dem oberen Stabiliment. Die abgebildete Spinne (Bildmitte) ist in ihrer Tarnung fast unsichtbar.

Mangora acalypha (Streifenkreuzspinne)

Die Streifenkreuzspinne wird nur 5 mm groß und gehört damit zu den kleinsten Radnetzspinnen. Ihre Grundfärbung ist hellgelblich mit drei parallelen, dunklen Punktreihen längs auf dem Hinterkörper. Diese Punktreihen sind besonders in der hinteren Hälfte des Opisthosoma entwickelt und können miteinander vernetzt sein. *Mangora acalypha* kommt in ganz Deutschland vor. Ihr Lebensraum sind sonnige Gebiete mit niedriger Vegetation, vor allem Trockenrasen und Ödland. Sie ist im Mai und Juni adult. Ihr Netz ist extrem feinmaschig: es hat 50-60 Radien und nur 1 mm Klebfadenabstand. Die Spinne sitzt stets auf der Nabe.

Singa hamata mit Jungen im Schlupfwinkel, Rotenburg LH VII. 75
Cyclosa conica, Rotenburg LH V. 72
Cyclosa oculata, Eltersdorf FR 17. 6. 76
Mangora acalypha, Groß Lengden SN VI. 75

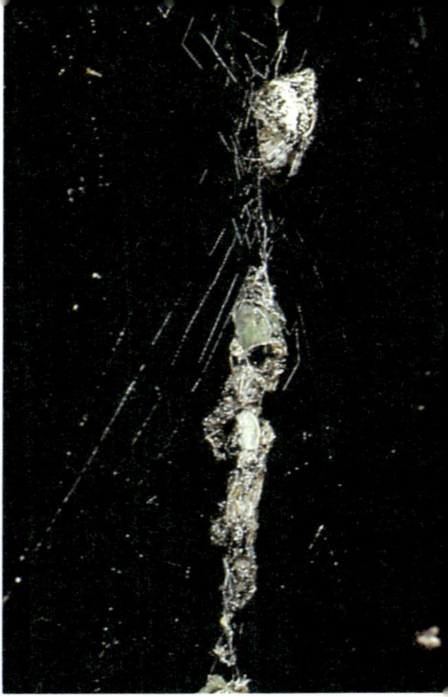

Familie Araneidae (Radnetzspinnen)

Argiope bruennichi (Wespenspinne)

Die Wespenspinne ist zweifellos eine der schönsten und auffallendsten Spinnen unserer Heimat. Ihr Prosoma ist silbrig weiß behaart, das Opisthosoma gelb und schwarz quergebändert. Der Anteil von Gelb und Schwarz kann dabei variieren. In unseren Breiten erreicht die Spinne 15 mm Körperlänge, in Südeuropa oft mehr als 2 cm. Die Männchen sind mit nur etwa 5 mm Länge geradezu winzig.

Die Wespenspinne lebt in sonnigen Gebieten mit niedriger Vegetation. Der Grad der Feuchtigkeit ist dabei nicht entscheidend. So kommt sie auf Trockenrasen genauso vor wie auf Sumpfwiesen oder in der Ufervegetation von Gewässern. Gern besiedelt sie auch Schuttplätze und Kiesgruben.

Die Netze werden meist unmittelbar über dem Erdboden angelegt. Die Spinne schafft sich einen freien Raum etwa in Form und Größe eines Fußabdrucks, indem sie Grashalme beiseite biegt und zusammenspinnt. Das Radnetz ist sehr charakteristisch: die Nabe ist mit flächigem, weißem Gespinst bedeckt; über und unter der Nabe verläuft ein zickzackförmiges Gespinstband, das Stabiliment. Bei ausgewachsenen Spinnen fehlt oft der obere Teil des Stabiliments. Die Spinne sitzt stets in der Netzmitte. Wird sie beunruhigt, versetzt sie ihr Netz in schnelle, schwingende Bewegungen. Dem Beobachter erscheint jetzt das Bild eines unscharfen, hell-dunklen Streifenmusters, das sich vom oberen Stabiliment über den Spinnenkörper zum unteren fortsetzt. Freßfeinde, etwa Vögel, könnten auf diese Weise irritiert werden.

Ab Ende Juli sind adulte Spinnen anzutreffen. Die Paarung findet in der Netzmitte statt. Das Männchen nähert sich mit vorsichtig tastenden Bewegungen dem Weibchen. Ist dies paarungsbereit, hebt es seinen Körper vom Netz ab, so daß sich das Männchen in den Zwischenraum drängen und die Paarung vollziehen kann. Meist wird es noch während der Paarung eingesponnen, getötet und schließlich gefressen. Nur selten gelingt ihm die Flucht – dann aber unter Verlust eines Beines.

Etwa einen Monat nach der Paarung stellt das Weibchen einen oder mehrere Eikokons her. Der Kokonbau wurde bereits im Kapitel Eiablage und Kokonbau geschildert. Noch im Herbst schlüpfen die Jungspinnen. Sie bleiben aber bis zum Frühjahr im wärmeisolierenden Eikokon. Erst im Mai des folgenden Jahres verlassen sie ihre schützende Behausung und sind bereits nach zwei bis drei Monaten ausgewachsen.

In Anbetracht der stetigen Verarmung unserer Fauna ist die Wespenspinne eine positive Ausnahme. Sie hat in den letzten 50 Jahren – davor kam sie nur in der Oberrheinischen Tiefebene und bei Berlin vor – ihr Areal ständig erweitert und sich mittlerweile in ganz Süddeutschland, ja sogar in Teilen Norddeutschlands bis hin zur Elbe ausgebreitet. Die Häufigkeit ist jedoch von Jahr zu Jahr sehr unterschiedlich. In manchen Gebieten wird sie jahrelang nicht mehr gefunden, taucht dann aber plötzlich wieder zahlreich auf.

Argiope bruennichi, Schelingen KS 24. 8. 77

Familie Tetragnathidae (Streckerspinnen und Kieferspinnen)

Die Tetragnathiden besitzen auffallend große, stark bezahnte Cheliceren. Sie sind bei uns durch zwei sehr unterschiedliche Unterfamilien vertreten, die netzbauenden, schlanken Tetragnathinae (Streckerspinnen) und die untersetzt gebauten, nur in frühester Jugend netzbauenden Pachygnathinae (Kieferspinnen). Die Netze der Tetragnathinae haben wie bei Meta eine offene Nabe. Streckerspinnennetze besitzen eine geringere Speichenzahl (unter 20) als typische Meta-Netze (vergl. aber *Meta menardi*!). Das langgestreckte Opisthosoma sowie das kaum gezeichnete Prosoma sind weitere Erkennungsmerkmale der Streckerspinnen.

Tetragnatha extensa

Tetragnatha extensa, unsere häufigste Streckerspinne, erreicht bis 11 mm Körperlänge. Die Beinpaare 1, 2 und 4 sind stark verlängert, das 3. Paar ist kurz. In Ruhehaltung auf Gräsern und Pflanzenstengeln werden die langen Beine nach vorn und hinten ausgestreckt, das kurze Beinpaar wird seitlich angelegt. Dadurch erscheint die schlanke, metallisch glänzende Spinne fast unsichtbar. *T. extensa* lebt überall an den Ufern unserer Gewässer und ist im Juni und Juli, vereinzelt bis September, adult. Bei der Paarung ergreift das Männchen die gefährlichen Cheliceren des Weibchens, um so dem Gefressenwerden zu entgehen (s. Abb. S. 17). Das Weibchen heftet später seinen mit flockiger, weißer Fadenwatte eingehüllten Eikokon an Grashalme und Pflanzenstengel (s. Abb. S. 24). Neben *T. extensa* gibt es bei uns fünf weitere, z. T. sehr ähnliche Tetragnatha-Arten, von denen einige auch trockene Lebensräume, z. B. Fichtenwälder, bewohnen.

Pachygnatha clercki

Pachygnatha clercki ist ein häufiger Vertreter der zweiten Unterfamilie der Tetragnathiden. Das Prosoma der 5-6 mm großen Spinne ist rotbraun mit breitem, dunklem Mittelstreifen und dunkler Randlinie. Das verhältnismäßig kurze Opithosoma zeigt eine Blattzeichnung wie viele Araneiden. *P. clercki* lebt häufig am Ufer von Gewässern. Sie jagt am Boden und in der Vegetation nach Beute. Nur ganz junge Spinnen bauen Netze. Reife Tiere sind das ganze Jahr hindurch anzutreffen. Auch bei dieser Spinne umgreift das Männchen die Cheliceren des Weibchens, um während der Paarung nicht gefressen zu werden. Neben *P. clercki* kommen bei uns zwei weitere ähnliche Pachygnatha-Arten in den gleichen Lebensräumen vor.

Tetragnatha extensa, Humlangen OS IX. 7
Tetragnatha extensa, Netzzentrum, Wiblingen OS IX. 7
Pachygnatha clercki, (Lautern SA) XI. 7

Familie Mimetidae (Spinnenfresser)

Die Mimetiden sind — wie im deutschen Namen angedeutet — Spinnen, die sich ganz auf das Überwältigen und Verzehren anderer Spinnen spezialisiert haben. Hierzu sind sie durch ein offenbar besonders wirksames Gift und eine starke Bestachelung der vorderen Beine ausgerüstet. Die Tibien und Metatarsen der beiden vorderen Beinpaare sind mit langen, gebogenen Dornen bewehrt (S-24). Der Habitus ist kugelspinnenähnlich. Bei uns kommen drei Arten vor.

Ero furcata

Ero furcata, der häufigste Spinnenfresser unserer Fauna, wird etwa 3-4 mm lang. Der Hinterleibsrücken trägt vorn oben zwei stumpfe Höcker (die anderen Arten besitzen vier Höcker). Die gelblichen Beine sind kontrastreich schwarz geringelt. *E. furcata* lebt in sehr unterschiedlichem Gelände. In Fichtenwäldern ist diese Art ebenso anzutreffen wie auf Ödland oder an Waldsäumen.

Die Spinne sitzt tagsüber mit angezogenen Beinen z. B. auf trockenen Fichtenzweigen und ähnelt sehr einer abgestorbenen Fichtenknospe. Abends schleicht sie sich in Spinnennetze, vor allem solche von Theridiiden, ein und rüttelt an den Fäden. Die herbeieilende Netzbewohnerin wird blitzschnell in ein Bein gebissen und ist sofort bewegungsunfähig. Sie wird durch die Bißstelle vom Spinnenfresser ausgesogen. Oft ist seine Beute deutlich größer als er selbst.

E. furcata ist im Herbst und im Frühjahr reif. Im Juni/Juli und September/Oktober findet man die sehr kennzeichnenden Eikokons (s. Abb. S. 24). Diese haben etwa 3 mm Durchmesser, sind von gewellten, braunen Fäden eingehüllt und mit einem oft 2 cm langen Fadenstrang befestigt. Besonders in Fichtenwäldern sind diese Kokons leicht zu finden. Da die Spinnen selbst viel schwieriger zu entdecken sind, kann man versuchen, sie aus den Kokons zu züchten. Die Haltung ist recht einfach, da die Tiere untereinander erstaunlicherweise sehr verträglich sind. Man muß nur ständig für Beutespinnen in ausreichender Zahl sorgen. Kugelspinnen werden als Beute deutlich bevorzugt. Daher besteht eine einfache Möglichkeit der Futterbeschaffung darin, die im Sommer leicht auffindbaren Brutnester von *Theridion impressum* oder *Th. sisyphium* zu sammeln.

Meine im Juli geschlüpften Spinnenfresser waren bereits Anfang September ausgewachsen. Nach der Paarung bauten die Weibchen wenig später Eikokons. Es ist also gut möglich, daß *E. furcata* bei uns zwei Generationen im Jahr entwickelt. Auch die zweigipflige Reifezeit im Freiland spricht sehr dafür.

Ero furcata mit Eikokon, (Ulm SA) 16. 11. 81

Familie Agelenidae (Trichterspinnen)

Die Trichterspinnen sind zumeist langbeinige und oft große Netzspinnen. Die hinteren Spinnwarzen sind bei den meisten Arten sehr lang und deutlich zweigliedrig (S-30). Die Tarsen tragen oben eine Reihe von Trichobothrien, die zur Fußspitze hin an Größe gleichmäßig zunehmen. Die Netze der Ageleniden sind typische Trichternetze, die von einer meist ausladenden Gespinstdecke in eine beiderseits offene Röhre übergehen. Die Familie ist durch etwa 25 Arten bei uns vertreten.

Agelena labyrinthica (Labyrinthspinne)

Die Labyrinthspinne wird bis 15 mm lang und hat auf dem Hinterleibsrücken ein kennzeichnendes Fischgrätenmuster. Der Vorderkörper ist mit zwei schwarzen Längsbinden gezeichnet. *A. labyrinthica* ist häufig an sonnigen Orten mit niedriger Vegetation, so in Heidegebieten und auf Ödland. Ihre Netze werden etwa 30 cm breit und sind, besonders im Morgentau oder im Gegenlicht, weithin sichtbar. Die Spinne sitzt in der Röhrenmündung und stürzt sich von dort blitzschnell in Richtung jeder Beute, die das Netz in Erschütterung versetzt. Sie ist ab Juli adult; im August findet man in der Röhre den an breiten Gespinstbändern aufgehängten Eikokon.

Coelotes terrestris

Coelotes terrestris ist im Vergleich zu anderen Ageleniden deutlich untersetzt und kurzbeinig. Vorder- und Hinterkörper sind etwa gleichlang. Das Prosoma ist dunkel rotbraun gefärbt, das Opisthosoma dunkelgrau mit undeutlichen Winkelflecken. Die bis zu 14 mm große Spinne erinnert in ihrer Körperform sehr an die Arten der Gattung Amaurobius. Von diesen unterscheidet sie sich aber klar durch ihre langen, hinteren Spinnwarzen und das Fehlen von Cribellum und Calamistrum (Amaurobius gehört zu den cribellaten Spinnen). *C. terrestris* ist eine sehr häufige Art des Waldbodens. Dort findet man regelmäßig ihre kleinen, flach ausgebreiteten Trichternetze. Abends und nachts sitzt sie in der Trichtermündung. Sehr interessant ist die Brutfürsorge des Weibchens. Die Jungspinnen leben bis zum Tod der Mutter in deren Netz. Sie werden lange Zeit von ihr gefüttert. TRETZEL konnte in seiner umfangreichen Monographie über diese Spinne zeigen, daß die Jungspinnen ihre Mutter regelrecht um Nahrung anbetteln (TRETZEL 1961a, 1961b). Fast das ganze Jahr hindurch sind adulte Spinnen anzutreffen. Aus dieser Gattung gibt es bei uns noch 3 weitere, z. T. sehr ähnliche Arten.

Agelena labyrinthica im Netz, Rotenburg LH 29. 7. 78
Coelotes terrestris mit Jungspinnen, Humlangen OS 24. 8. 83

Familie Agelenidae (Trichterspinnen)

Tegenaria atrica (= T. gigantea) (Hausspinne)

Tegenaria atrica ist sicher die bekannteste Trichterspinne. Die langbeinige, bis 18 mm große Art ist wohl jedem schon einmal, meist unangenehm, aufgefallen, sei es im Bad oder an der Zimmerdecke. Trotz ihres furchterregenden Äußeren kann die Hausspinne ein nützlicher, treuer Hausgenosse werden. Die Spinne sorgt für die Dezimierung lästiger Fliegen und soll dabei ein Alter von bis zu 7 Jahren erreichen! Doch selbst eingefleischte Spinnenfanatiker haben es oft sehr schwer, sich mit ihr anzufreunden. So berichtet BRISTOWE beispielsweise, daß er nie die Furcht vor dieser Spinne habe überwinden können. Auch das einmal von ihm angewandte, bewährte Rezept dagegen, nämlich eine Tegenaria zu essen, habe bei ihm keine nachhaltige Wirkung gezeigt (BRISTOWE 1971).
Das ganze Jahr hindurch sind ausgewachsene Hausspinnen anzutreffen. In Fensternischen und Zimmerecken weben sie weitausladende Gespinstteppiche, die in eine nach hinten offene Wohnröhre münden. *T. atrica* ist die häufigste der vier in Häusern lebenden Tegenaria-Arten. Eine sichere Unterscheidung der einzelnen Arten ist schwierig. Vier weitere, ausnahmslos kleinere Arten dieser Gattung leben im Freien unter Steinen und Baumwurzeln. Auch die großen Hausspinnen kann man gelegentlich draußen finden, besonders in Steinbrüchen und Kleinhöhlen.

Textrix denticulata

Die 6-8 mm große *Textrix denticulata* erinnert im Habitus und durch das seitlich steil abfallende Prosoma sehr an Wolfspinnen. Zudem ist die hintere Augenreihe stark gebogen, so daß man — wie bei den Lycosiden — auch von drei Augenreihen sprechen könnte. *T. denticulata* ist aber durch die stark verlängerten hinteren Spinnwarzen (sie sind sogar länger als bei allen anderen Trichterspinnen) sowie ihr Trichternetz leicht als Agelenide zu erkennen. Die Spinne lebt unter Steinen und Moosen und ist im Frühjahr (ab Mai) adult.

Tegenaria atrica, (Rotenburg LH) 26. 12. 77
Textrix denticulata, (Schelklingen SA) 1. 11. 77

Familie Agelenidae (Trichterspinnen)

3 **Argyroneta aquatica (Wasserspinne)**

Die Wasserspinne ist die einzige Spinne, die auf Dauer im Wasser zu leben vermag. Ihr Opisthosoma ist mit gefiederten Haaren bedeckt, die ständig eine silbrig glänzende Luftschicht am Spinnenkörper halten. Von Zeit zu Zeit erneuert die Wasserspinne ihren Luftvorrat, indem sie ihr Hinterleibsende über die Wasseroberfläche emporstreckt. Meist hält sie sich jedoch im Innern einer unter Wasser gebauten Luftglocke auf. Die Herstellung einer solchen Luftglokke läßt sich im Aquarium leicht beobachten.

Die Spinne webt zunächst einen horizontalen Gespinstteppich zwischen Wasserpflanzen. Dann steigt sie zur Wasseroberfläche empor und streckt Hinterleibsspitze und Hinterbeine in die Luft. Dann überkreuzt sie ihre Hintertarsen und taucht mit einem plötzlichen Ruck ins Wasser ein. Auf diese Weise reißt sie eine große Luftblase ins Wasser, die sie mit den Hinterbeinen hält. Da sie jetzt einen starken Auftrieb besitzt, hat sie sichtlich Mühe, nach unten zu tauchen und muß sich hierzu an Wasserpflanzen oder Spinnfäden festhalten. Unter ihrem Gespinstteppich öffnet sie ihre Hinterbeine; die Luftblase steigt auf und wölbt das Gespinst nach oben hoch. In der Folge bringt die Spinne immer weitere Luftblasen herbei und verdichtet noch ihr Gewebe, bis schließlich die geräumige, trockene Unterwasserwohnung fertig ist.

Von der Luftglocke führen zahlreiche Spinnfäden in die Umgebung. Diese melden der Spinne vorbeischwimmende oder -kriechende Beutetiere, etwa Wasserasseln oder Insektenlarven. Die Beute wird ergriffen und in der Glocke verzehrt. (Da Spinnen ihre Nahrung vor dem Mund verflüssigen, würde diese im Wasser davonfließen.) Auch die übrigen Lebensvorgänge finden in der Glocke statt: die Häutungen, die Tasterfüllung, die Paarung und die Eiablage. Zur Eiablage (im Sommer) werden besonders hohe Glocken gebaut, die im oberen Teil einen oder mehrere Eikokons und unten die Mutterspinne enthalten. Diese erneuert während der Eientwicklung ständig den Luftvorrat. Die Jungspinnen schlüpfen unbehaart; sie bleiben bis zur nächsten Häutung in der Eiglocke, da sich erst dann das zur Atmung wichtige Haarkleid ausbildet.

Die Wasserspinne gehört zu den ganz wenigen Spinnen unserer Heimat, bei denen das Männchen mit 15 mm deutlich größer wird als das Weibchen (9 mm). Die Spinne hat eine zweijährige Entwicklung; ausgewachsene Tiere findet man das ganze Jahr über. Sie lebt in pflanzenreichen Teichen und Tümpeln, besonders in Moorgewässern. Man findet sie am besten, indem man große Büschel feiner Wassermoose an Land zieht und durchmustert.

A. aquatica holt Luftblase herunter, (Neuenkirchen LH) 27. 9. 83
A. aquatica in der Luftglocke, (Neuenkirchen LH) 27. 9. 83

Familie Pisauridae (Raubspinnen)

Die Raubspinnen ähneln im Habitus und in der Augenstellung sehr den Wolfspinnen (Lycosidae). Bei den Pisauriden bilden aber die beiden hinteren Augenpaare ein Trapez, das breiter als lang ist (S-19). Auch im Brutfürsorgeverhalten zeigen sich Ähnlichkeiten. Das Weibchen trägt seinen Kokon längere Zeit — allerdings mit den Cheliceren. Kurz vor dem Schlüpfen der Jungspinnen webt es ein kuppelförmiges Gespinst, in dem es den Kokon aufhängt. Die Jungen bleiben bis zur nächsten Häutung in diesem Gewebe, das von der Mutterspinne „bewacht" wird. Bei uns kommen drei Arten aus dieser Familie vor.

3 Dolomedes fimbriatus (Gerandete Jagdspinne)

Dolomedes fimbriatus wird 18 mm, manchmal sogar über 2 cm groß und darf damit als größte heimische Spinne gelten. Vorder- und Hinterkörper sind beiderseits von einem breiten, weißen bis gelblichen Streifen flankiert. Bei manchen Stücken ist dieser Streifen nicht so deutlich. Die Unterseite des Opisthosoma ist mit 4 hellen Längslinien gezeichnet. Die sehr viel seltenere zweite Art aus dieser Gattung, *Dolomedes plantarius*, besitzt dort nur 2 Linien.

D. fimbriatus bewohnt Moore und Bruchwälder und lebt dort vor allem unmittelbar am Ufer von Gewässern. Sie läuft oft über den Wasserspiegel und kann sogar tauchen. Ihre Beute besteht aus verschiedenen Insekten, aber auch aus Wassertieren, wie kleinen Fischen und Kaulquappen, die sie bei ihren Tauchgängen fängt. Es kommt sogar vor, daß sie einen kleinen Frosch überwältigt.

Die Spinne hat einen zweijährigen Entwicklungszyklus und ist ab Mai adult. Ab Ende Juni sieht man die Weibchen mit ihren großen Kokons, die etwa den Durchmessers eines Pfennigstücks haben und einige hundert Eier enthalten. Nach dem Schlüpfen und Zerstreuen der Jungen stellen sie weitere Kokons her, die aber von Mal zu Mal kleiner werden.

Früher kam die Gerandete Jagdspinne fast überall in Feuchtgebieten vor. In der letzten Zeit ist sie vor allem durch Entwässerungsmaßnahmen aber auch durch die zunehmende Verbuschung ihrer Lebensräume deutlich zurückgegangen. Die schöne Spinne muß daher inzwischen als ernsthaft gefährdet gelten.

 Dolomedes fimbriatus mit Eikokon, Rotenburg LH 18.7. 80

Familie Pisauridae (Raubspinnen)

Pisaura mirabilis (Listspinne)

Pisaura mirabilis wird 11-14 mm groß. Die Grundfärbung der schlanken Spinne ist grau bis hellbraun. Das Opisthosoma ist nach hinten zugespitzt und trägt oben — oft undeutlich — eine Längsbinde aus hellen und dunklen Winkelflecken.

Die Listspinne lebt als häufigste Art aus ihrer Familie überall an sonnigen Waldwegen, auf Ödland und Trockenrasen. Es gibt wohl kaum eine Gegend, in der sie selten ist. Gern sonnt sie sich mit weit ausgestreckten Beinen auf großflächigen Blättern. Ab Mai findet man adulte Tiere. Das Paarungsverhalten dieser Art gehört zu den faszinierendsten und zugleich amüsantesten Schauspielen in der Welt der Spinnen (der deutsche Name nimmt darauf Bezug).

Das Männchen erbeutet zunächst eine Fliege und wickelt diese in ein dichtes Seidengespinst. Mit diesem „Brautgeschenk" in den Cheliceren sucht es anschließend nach einem Weibchen. Sobald es ein solches erblickt hat, bietet es diesem mit erhobenem Vorderkörper und weit abgespreizten Vorderbeinen die gut verpackte Beute an. Das Weibchen nähert sich dem Männchen, ergreift die Fliege und beginnt, sie auszusaugen. Das Männchen nutzt unterdessen dieses Ablenkungsmanöver, um sich zu paaren und anschließend ungeschoren zurückzuziehen. Gelegentlich soll es sogar vorkommen, daß es nach vollzogener Paarung sein „Geschenk" wieder mitnimmt, um woanders erneut sein Glück zu versuchen.

Die Paarungszeit fällt meist in die erste Junihälfte. Ab Ende Juni sieht man die Weibchen mit ihren Eikokons. Im Juli sitzen sie dann auf ihren glockenförmigen Brutgespinsten. Sie scheinen die Jungspinnen zu „bewachen", fliehen aber sofort bei jeder Beunruhigung. Die Jungspinnen sitzen in dichtem Klumpen unter der Gespinstglocke und erwarten ohne Nahrungsaufnahme die nächste Häutung. Bei Störungen laufen sie in alle Richtungen auseinander, versammeln sich aber anschließend gleich wieder. Nach zweimaliger Überwinterung sind sie im übernächsten Jahr ausgewachsen.

Pisaura mirabilis, Balz des Männchens mit „Brautgeschenk", (Göttingen SN) VI. 75

Pisaura mirabilis mit Eikokon, Urspring SA 6. 7. 83

Pisaura mirabilis mit Jungen im Gespinst, Rotenburg LH VII. 74

Familie Lycosidae (Wolfspinnen)

Die Wolfspinnen sind freijagende Räuber; sie bauen keine Netze. Nur eine heimische Art, *Aulonia albimana,* bildet mit ihren Trichternetzen hier eine Ausnahme. Kennzeichnendes Merkmal dieser Familie ist die Augenstellung: vorn eine Querreihe sehr kleiner Augen, dahinter vier große Augen in einem Trapez, das etwa so lang wie breit ist (S-18). Alle Wolfspinnen tragen ihren Eikokon mit den Spinnwarzen. Die Jungen ersteigen nach dem Ausschlüpfen den Hinterleib der Mutterspinne und lassen sich bis zur nächsten Häutung umhertragen. Bei uns kommen etwa 70 Arten aus dieser Familie vor.

Pardosa lugubris (= P. chelata)

Mit 27 heimischen Arten ist die Gattung Pardosa die artenreichste unter den Wolfspinnen. Gemeinsames Merkmal sind die fast senkrecht abfallenden Seiten des Prosoma. Das Augenfeld füllt die ganze Breite des Prosomarückens aus. Die meisten Arten besitzen außerdem ein helles Längsband ohne dunklere Zeichnung auf dem Vorderkörper. Bei *P. lugubris* ist dieses Band nach vorn gleichmäßig verbreitert. Die ca. 7 mm große Art ist eine der häufigsten aus ihrer Gattung. Sie bewohnt in hoher Individuenzahl offene Bodenstellen an Wald- und Wegrändern. Weitere Arten leben in Sumpfgebieten, am Meeresstrand oder im Gebirge.

P. lugubris ist wie die meisten Arten dieser Gattung ab Mai adult. Der Paarung geht eine Balz des Männchens voraus. Dieses winkt alternierend mit seinen tiefschwarzen Pedipalpen. Später, ab Ende Mai und dann den ganzen Sommer hindurch, bauen die Weibchen ihre Eikokons. Sie weben hierzu zunächst eine Gespinstplatte, auf der sie ihren Eiballen ablegen. Mit einer weiteren Gespinstplatte decken sie die Eier ab. Zum Schluß lösen sie das untere Gespinst vom Boden, verbinden die Ränder beider Gewebe und heften den fertigen Eikokon an die Spinnwarzen. Die Eikokons sind etwas abgeflacht und grau oder blaugrün gefärbt. Die Nahtstelle zwischen den beiden Gespinstplatten ist deutlich heller. Ab Juni sieht man dann die Weibchen mit Jungspinnen auf dem Hinterkörper. Derart beladene Mutterspinnen kann man bis in den September hinein beobachten.

Pardosa lugubris mit Eikokon, Rotenburg LH VI. 74
Pardosa lugubris mit Jungen, Rotenburg LH IX. 75

Familie Lycosidae (Wolfspinnen)

3 **Alopecosa inquilina (= Tarentula inquilina)**

Die Gattung ist bei uns mit 14 Arten vertreten. Diese erinnern durch ein helles, ungezeichnetes Längsband auf dem Prosoma etwas an Pardosa. Die Stirnseiten sind aber weniger steil abfallend, das Augenfeld ist deutlich schmaler als der Prosomarücken. Zu dieser Gattung gehören einige der größten Wolfspinnen (bis 18 mm), aber auch Arten von nur 7 mm Körperlänge. Die Artbestimmung ist recht schwierig.

Alopecosa inquilina ist eine der großen Arten. Sie erreicht 18 mm und kommt verbreitet an warmen, trockenen Stellen vor. Das braune Opisthosoma ist auf der Oberseite mit einem undeutlichen Spießfleck und einigen Winkelflecken gezeichnet. Die Unterseite ist scharf abgesetzt schwarz gefärbt. Die Spinne ist von März bis Juli adult und lebt in selbstgegrabenen, ausgesponnenen Erdhöhlen. Sie lauert am Höhleneingang auf vorbeikommende Beutetiere. Gelegentlich, vor allem im Frühjahr und im Herbst, sieht man sie auch frei am Boden umherlaufen.

3 **Alopecosa accentuata (= Tarentula barbipes)**

Alopecosa accentuata ist ein häufigerer Vertreter der kleinen Arten aus dieser Gattung. Die Art wird 9-11 mm groß und lebt an sonnigen, trockenen und meist steinigen Orten. Das Opisthosoma zeigt in einem hellen Längsband vorn einen Spießfleck mit seitlichen Spitzen, dahinter zwei dunkle Winkelflecken. Seine Unterseite ist hell. Die Beine sind hell und dunkel geringelt. Auch diese Art läuft im Frühjahr frei umher und ist ab März reif. Andere häufige Alopecosa-Arten, z. B. *A. pulverulenta* und *A. aculeata,* besitzen in der hellen Längsbinde des Opisthosoma nur einen glattrandigen Spießfleck.

Alopecosa inquilina, Ringingen SA 7. 3. 7
Alopecosa barbipes, Lautern SA III. 7

Familie Lycosidae (Wolfspinnen)

Trochosa terricola

Die vier Arten der Gattung Trochosa sind leicht an der typischen Zeichnung des Prosoma zu erkennen. Dieses besitzt oben ein helles, in der vorderen Hälfte erweitertes Längsband mit zwei dunklen, parallelen Längsstreifen in der Erweiterung. *Trochosa terricola* ist die häufigste Art ihrer Gattung. Sie wird bis 12 mm groß und besitzt eine rotbraune Grundfärbung. Vorn auf dem Opisthosoma ist ein undeutlich abgesetzter Spießfleck zu erkennen.
Die Spinne ist zwar überall häufig, kommt aber nur an trockenen Stellen vor. Sie kann fast während des ganzen Jahres adult angetroffen werden. Tagsüber lebt sie meist unter Steinen verborgen. Auch ihren Kokon spinnt und bewacht sie in einer Höhle unter einem Stein.
Zwei ähnliche Arten, *Trochosa ruricola* und *T. spinipalpis,* können am einfachsten durch ihren Lebensraum von *T. terricola* unterschieden werden: sie leben nur in feuchtem Gelände. Die vierte Art schließlich, *T. robusta,* wird größer (manchmal bis 20 mm), besitzt einen deutlich sichtbaren, hellen Spießfleck mit dunkler Umrandung und Beine, die zum Tarsus hin allmählich dunkler werden. Diese Art kommt nur an sehr warmen, trockenen Stellen vor. ENGELHARDT (1964) hat der Gattung Trochosa eine ausführliche Studie gewidmet.

Pirata piraticus (Piratenspinne)

Auch die Gattung Pirata ist an einer typischen Zeichnung des Prosoma leicht kenntlich. Dieses zeigt in der hellen Längsbinde ein dunkles, V-förmiges Zeichnungsmuster. Von den neun heimischen Arten ist *Pirata piraticus* die häufigste. Sie wird 6-8 mm groß. Der Körper ist hellbraun gefärbt, das Opisthosoma mit paarigen, weißen Punkten gezeichnet. Die Piratenspinne lebt oft zahlreich am Ufer von Gewässern. Sie läuft auch über den Wasserspiegel und taucht gelegentlich. Die übrigen Pirata-Arten ähneln z. T. sehr der Piratenspinne, sind aber seltener. Ihr Lebensraum sind ebenfalls Feuchtgebiete, vorzugsweise Gewässerufer.

Trochosa terricola mit Jungen, Groß Lengden SN VII. 7.
Pirata piraticus, (Rotenburg LH) IV. 7.

Familie Lycosidae (Wolfspinnen)

3 Arctosa perita

Die Arten der Gattung Arctosa besitzen ein einfarbig hell behaartes Prosoma, ein sandkornähnlich gesprenkeltes Opisthosoma und stark gescheckte Beine. Durch diese Färbung sind sie auf Sandboden fast unsichtbar. Die neun Arten leben vor allem auf Sanddünen und im Geröll der Flußufer. Sie sind nur nach dem Bau der Genitalien sicher zu unterscheiden.
Arctosa perita, die häufigste Art, wird 9 mm groß. Sie lebt vorzugsweise auf Dünen, sowohl an der Meeresküste als auch im Binnenland. Die Spinne überwintert im reifen Zustand in einer Erdröhre, die mit feinem Gespinst ausgekleidet ist. Bei den ersten warmen Sonnenstrahlen im März und April sonnt sie sich in ihrer überdachten Röhrenmündung. Bei jeder leichten Erschütterung verschwindet sie sofort in der Tiefe, so daß man im Vorbeigehen nur die an Tunnelportale erinnernden Löcher sieht. Nach stärkeren Störungen und bei schlechtem Wetter werden die Röhrenmündungen zugesponnen und sind dann nicht mehr sichtbar. Von Mai bis Juli laufen die Weibchen mit ihren Eikokons, später mit Jungspinnen auch frei umher, sind aber wegen ihrer Tarnfärbung kaum zu erkennen.

Aulonia albimana

Aulonia albimana ist der einzige heimische Vertreter der Unterfamilie Hippasinae, die durch netzbauende Arten ausgezeichnet ist. *A. albimana* wird nur 4 mm groß und ist sehr markant gefärbt. Der Körper ist einfarbig dunkel, fast schwarz, die Beine sind mit Ausnahme des schwarzen 1. Femur hell. Das auffälligste Erkennungsmerkmal aber ist die weiße Patella des ansonsten schwarzen Pedipalpus. Die Spinne lebt verborgen an warmen, meist trockenen Stellen. Erst 1968 wurde entdeckt, daß sie nicht frei umherschweifend ihre Beute fängt, sondern Trichternetze nach Art der Ageleniden herstellt (JOB 1968). Der gleiche Autor widmet dieser Spinne eine ausführliche ethologische Studie (JOB 1974). Die Netze bestehen aus einer horizontalen Gespinstdecke, von deren Mitte aus eine Gespinströhre nach unten führt. Sie sind sehr zart und kaum sichtbar.

Arctosa perita in der Öffnung ihrer Wohnröhre, Ehrhorn LH 27. 3. 81
Aulonia albimana, (Ringingen SA) 1. 10. 78

Familie Oxyopidae (Luchsspinnen)

Die Oxyopiden erinnern in Habitus und Lebensweise sehr an die Lycosiden. Sie besitzen eine recht markante Augenstellung: ganz vorn zwei sehr kleine Augen, dahinter in einem Sechseck die übrigen sechs, relativ großen Augen (S-15). Man könnte auch von vier hintereinander liegenden Augenreihen sprechen. Ein weiteres Merkmal ist die starke Bewehrung der Beine mit langen, spitzen Stacheln (S-16). Diese Familie umfaßt vor allem tropische, oft recht bunte Spinnen. Bei uns kommt nur eine Art vor. In Südeuropa gibt es zwei weitere Arten, *Oxyopes heterophthalmus* und *O. lineatus,* die unserer Art ziemlich ähneln.

Oxyopes ramosus

Oxyopes ramosus, die einzige heimische Luchsspinne, erreicht 6-10 mm Körperlänge. Das Prosoma erscheint von vorn auffallend hoch und nach oben zugespitzt. Das schlanke Opisthosoma läuft nach hinten spitz zu. Die Grundfärbung ist rotbraun bis schwarzbraun mit einer recht bunten, weißen Streifenzeichnung. Zum Teil ist der Körper mit Schuppenhaaren bedeckt. Die Beine erscheinen durch die familientypische Bedornung recht stachelig.

O. ramosus bewohnt sonniges, trockenes Gelände und zeigt eine gewisse Vorliebe für Sandböden. Die Art kommt daher besonders in Heidegebieten vor. Die Spinnen halten sich im Heidekraut oder am Boden auf und erjagen dort ihre Beute nach Art der Wolfspinnen. Sie überwintern im letzten juvenilen Stadium und sind dann im Mai adult. Der Paarung geht eine Balz des Männchens voraus. Dieses tanzt vor dem Weibchen mit vibrierendem Hinterkörper und erhobenen Vorderbeinen und nähert sich dabei immer weiter der Auserwählten. Schließlich besteigt es sein Weibchen von vorn, beugt sich seitlich an dessen Hinterleib herunter und führt einen Taster in die Epgyne ein.

Das Weibchen spinnt im Juni einen flachen, gelblichweißen Eikokon auf Heidekraut oder anderen Pflanzen. Nach der Eiablage bleibt es auf seinem Kokon sitzen. Die Jungspinnen schlüpfen im Juni oder Juli.

Oxyopes ramosus auf seinem Eikokon, Roth FR 8. 8. 76

Familie Drassodidae (= Gnaphosidae) (Plattbauchspinnen)

Die Drassodiden ähneln im Habitus wie in der Lebensweise den Clubioniden. Ein Unterschied besteht in Bau und Haltung der Spinnwarzen. Diese sind bei den Plattbauchspinnen zylindrisch und in der Ruhelage fingerförmig abgespreizt (S-31). Die Arten dieser Familie sind schwer zu bestimmen, da die meisten von ihnen einheitlich graubraun bis schwarz gefärbt sind — ohne jede Zeichnung auf dem Hinterkörper. Sie leben tagsüber meist in Gespinstsäcken unter Steinen und jagen nachts. Bei uns kommen etwa 60 Arten vor.

Drassodes lapidosus

Diese Spinne könnte man leicht mit einer Sackspinne der Gattung Clubiona verwechseln, doch ist sie durch ihre zylindrischen, auseinanderweichenden Spinnwarzen leicht als Plattbauchspinne zu erkennen. Die Färbung ist fast einheitlich graubraun. Von den sieben heimischen Arten ist *D. lapidosus* die häufigste und größte (bis 18 mm). Sie lebt an sonnigen Orten unter Steinen und hält sich tagsüber in dünnen Gespinstsäcken auf. Auch Paarung, Häutung und Eiablage finden in solchen Gespinsten statt. Reife Tiere findet man das ganze Jahr über. Ansonsten ist über die Lebensweise dieser Spinne wenig bekannt.

Zelotes sp.

Zelotes ist mit 19 Arten die artenreichste Drassodidengattung. Die meisten Arten sind einfarbig schwarz; die Körpergröße kann etwa zwischen 3 und 8 mm schwanken. Eine Artbestimmung ist sehr schwierig. Man begegnet Zelotes häufiger als anderen Drassodiden, da die Vertreter dieser Gattung auch tagsüber öfters aktiv sind. Sie laufen ruckartig und sehr schnell über den Boden und bleiben plötzlich mit angelegten Beinen sitzen. Dann werden sie auf dunklem Erdboden fast unsichtbar. Sehr häufig findet man diese Spinnen auch frei unter Steinen; sie scheinen also nicht die für diese Familie typischen Ruhegespinste zu weben. Die Weibchen stellen ganz flache, fast scheibenförmige Eikokons her, die weiß oder lebhaft rosa gefärbt sind.

Drassodes lapidosus, (Ringingen SA) 6. 3. 77
Zelotes sp. mit Eikokon, (Ringingen SA) 31.7. 77

Familie Clubionidae (Sackspinnen)

Die meisten Sackspinnen sind nachtaktiv. Sie halten sich tagsüber in allseits geschlossenen, sackförmigen Gespinsten auf. Das Aussehen ist uneinheitlich; viele Arten sind zeichnungslos grau oder braun gefärbt, andere mit Winkelflecken u. ä. Zeichnungselementen auf dem Hinterkörper ausgestattet. Gemeinsames Merkmal aller Arten sind die Spinnwarzen, die konisch verjüngt sind und sich in Ruhelage zur Kegelform zusammenneigen (S-32). Aufgrund ihrer nächtlichen Lebensweise begegnet man den Sackspinnen nur selten; man kann sie aber leicht durch ihre markanten Wohngespinste in der Vegetation, unter Baumrinde oder Steinen finden. Bei uns kommen ca. 70 Arten vor.

Clubiona stagnatilis

Diese Sackspinne, eine der häufigsten Arten unserer Fauna, ist vor allem durch ihr sehr charakteristisches Wohngespinst leicht zu erkennen. Sie stellt es in einem Grasblatt (meist Schilf oder Rohrglanzgras) her, das sie durch nur zweimaliges Umknicken in eine allseits geschlossene, stabile Kammer umwandelt — eine geradezu geniale Lösung. (Aber auch *Clubiona reclusa,* eine sehr häufige, ähnliche Sackspinne, baut manchmal derartige Wohnungen.) Die Spinne selbst ist nur genitalmorphologisch sicher von anderen Arten der Gattung zu trennen. In ihrer Färbung — gelbbrauner, vorn verdunkelter Vorderkörper, einfarbig grau behaarter Hinterleib — ähnelt sie sehr den übrigen Arten.

Clubiona stagnatilis lebt auf feuchten Wiesen, die mit Schilf durchsetzt sind. Hier findet man vor allem im Frühsommer die oben beschriebenen Gespinste. Ab Juni stellen die Weibchen in ihren Schlupfwinkeln kugelige Eikokons her. Nach dem Ausschlüpfen im Juli verbleiben die Jungspinnen noch längere Zeit — wohl bis zur nächsten Häutung — im Gespinst der Mutterspinne. Sie bauen schließlich eigene Wohnungen, überwintern dann halberwachsen und häuten sich im Mai des folgenden Jahres zum letzten Male.

Außer *C. stagnatilis* kommen in Mitteleuropa über 20 weitere, zum Teil häufige Arten der Gattung Clubiona vor. Eine Artbestimmung ist nur mit dem Mikroskop nach Genitalpräparaten möglich. Sie ist aber auch dann noch schwierig und ohne Vergleichsmaterial kaum möglich.

Schlupfwinkel von *Clubiona stagnatilis,* Arnegg SA 11. 7. 83

Clubiona stagnatilis mit Jungen im geöffneten Schlupfwinkel, Arnegg SA 11. 7. 83

Familie Clubionidae (Sackspinnen)

Cheiracanthium punctorium (Dornfinger)

Der Dornfinger erreicht bis 15 mm Körperlänge. Sein Prosoma ist rotbraun, der übrige Körper gelblich bis grünlich gefärbt. Die Beine sind zu den Tarsen hin verdunkelt. Beim Männchen, das etwas schlanker und kleiner als das Weibchen ist, fallen die langen, deutlich divergierenden Grundglieder der Cheliceren mit ihren überkreuzenden Giftklauen auf.

Der Dornfinger ist die einzige Giftspinne Mitteleuropas, die auch dem Menschen gefährlich werden kann. Sein Biß kann recht unangenehme Folgen, wie starke Schmerzen, Schüttelfrost und Lähmungserscheinungen, nach sich ziehen. Diese klingen erst nach einigen Tagen, spätestens jedoch nach ca. zwei Wochen ab. Besonders aggressiv auf jede Störung reagieren Weibchen mit Eikokons oder Jungen.

Die Spinne lebt in warmem, offenem Gelände mit hohem Gras. Tagsüber hält sie sich in einem rundum geschlossenen Gespinstsack von Taubeneigröße in versponnenen Gräsern auf. Nördlich der Alpen ist das Vorkommen von *C. punctorium* auf Wärmeinseln wie den Kaiserstuhl beschränkt.

Im Hochsommer sind Männchen und Weibchen erwachsen und leben dann eine zeitlang gemeinsam in einem besonders großen Gespinst. Nach der Paarung, im August oder September, baut das Weibchen in seinem Gespinstsack einen Eikokon, den es erbittert gegen Störenfriede verteidigt. Die geschlüpften Jungspinnen bleiben noch einige Tage im Schlupfwinkel der Mutter. Zu dieser Zeit ist es nicht ganz ungefährlich, der Spinnenmutter zu nahe zu treten.

Neben *C. punctorium* gibt es bei uns 7 weitere Arten dieser Gattung, die alle kleiner sind als der Dornfinger. Eine häufige, harmlose Art ist *Cheiracanthium erraticum*. Diese Spinne ähnelt in der Färbung dem Dornfinger, wird aber nur etwa 9 mm groß. Sie lebt ebenfalls in offenem Gelände, auf Feuchtwiesen ebenso wie in Heidegebieten, und spinnt dort etwa 1 cm große Gespinstsäcke vor allem in Grasrispen.

Ch. punctorium mit Eikokon im geöffneten Schlupfwinkel, Schelingen KS 10. 9. 77

Familie Clubionidae (Sackspinnen)

Agroeca brunnea (Feenlämpchenspinne)

Agroeca brunnea wird bis 9 mm groß und ist gelbbraun gefärbt. Das Prosoma ist mit zwei dunklen Längsbinden, das Opisthosoma mit unregelmäßig verteilten, dunklen Flecken, z. T. Winkelflecken, gezeichnet. Die Spinnne ähnelt etwas der Wolfspinne Trochosa, aber auch der auf der folgenden Seite behandelten Zora. Man findet *A. brunnea* unter Steinen und Holzstücken, vor allem an Waldrändern und in offenem Gelände. Die Entwicklung ist zweijährig; reife Tiere sind das ganze Jahr hindurch anzuteffen.
Die Spinne ist bei uns allgemein verbreitet, man findet sie aber nur selten, da sie im Verborgenen lebt. Sehr viel öfter begegnet man ihren Eikokons, die im Volksmund als „Feenlämpchen" bezeichnet werden. Sie sehen aus wie gestielte, weiße Glocken und sind an Pflanzenstengeln befestigt. Im Innern enthalten sie zwei Kammern. Die obere Kammer enthält etwa 40 bis 50 Eier, die untere dient den Jungspinnen als Aufenthaltsort bis zur nächsten Häutung.
A. brunnea tarnt ihren auffallenden Eikokon unmittelbar nach der Fertigstellung mit einer Erdschicht; man findet aber immer wieder auch ungetarnte Kokons. Häufig sind die Eier von Schlupfwespen parasitiert.
Neben *A. brunnea* kommen bei uns noch drei weitere, ähnliche Arten dieser Gattung vor. In Mooren lebt z. B. *Agroeca proxima*, deren Kokon wesentlich schmaler und nach unten zugespitzt ist.

Micaria sp.

Die 12 Arten der Gattung Micaria weichen durch ihre tagaktive Lebensweise von den übrigen Clubioniden ab. Manche Autoren stellen diese Gattung auch zur Familie Drassodidae. Die einzelnen Arten sind schwer zu bestimmen. Ihre Größe schwankt zwischen 2 und 7,5 mm. Der Körper ist meist schwarz gefärbt und mit grün und rot schillernden Schuppenhaaren bekleidet. Die Spinnen laufen ameisenartig flink am Boden umher und richten dabei den Hinterkörper meist steil empor.

2 Eikokons von *Agroeca brunnea*, oben ohne, unten mit Tarnung, Rotenburg LH VII. 75
Agroeca brunnea, Foto Dr. Frieder Sauer
Micaria sp., (Arnegg SA) 9. 7. 77

Familie Anyphaenidae (Zartspinnen)

Das kennzeichnende Merkmal der Zartspinnen ist das unpaare Tracheenstigma, das hier in der Mitte des Opisthosoma (bauchseits) mündet (S-25), während es bei fast allen anderen Spinnen unmittelbar vor der Spinnwarzenregion liegt. Manche Autoren rechnen die einzige heimische Art auch zur Familie der Sackspinnen.

Anyphaena accentuata

Anyphaena accentuata erreicht 6-9 mm Größe. Auf der Oberseite des Opisthosoma befinden sich in der Mitte vier schwarze, dreieckige Flecken, die ein sehr markantes Muster bilden. Die Färbung der Spinne kann ansonsten zwischen graugelb und dunkelbraun bis fast schwarz variieren. *A. accentuata* ist überall häufig und lebt auf Blättern von Bäumen und Sträuchern. Sie webt ein nach zwei Seiten offenes Gespinstdach und ist von Mai bis Juni adult. Im Winter findet man sie sehr häufig im letzten Jugendstadium unter Baumrinde.

Familie Ctenidae (Kammspinnen)

Die Kammspinnen sind eine vorwiegend in den Tropen verbreitete Spinnenfamilie. Zu ihnen gehören einige der gefährlichsten Giftspinnen. Bei uns kommen 4 Arten der Gattung Zora vor, deren Zuordnung zu dieser Familie jedoch umstritten ist. Von manchen Autoren werden sie einer eigenen Familie (Zoridae), von anderen auch den Clubioniden zugeordnet.

Zora spinimana

Zora spinimana wird etwa 6 mm groß. Das helle, gelbliche Prosoma ist mit zwei dunklen Längsbinden gezeichnet. Die dunklen Binden sind schmaler als der helle Seitenrand des Vorderkörpers. Das ebenfalls helle Opisthosoma ist mit kleinen, dunklen Flecken versehen, die andeutungsweise in Längslinien angeordnet sind. Die Augenstellung erinnert an Lycosiden; die vorderen vier Augen sind in einer Querreihe, die hinteren in Trapezform gruppiert (S-20). Die vorderen sind aber nicht deutlich kleiner als die hinteren Augen; das Trapez ist wesentlich breiter als lang.
Z. spinimana ist die häufigste Art der Gattung. Sie lebt in Wäldern und Mooren am Boden. Im Sommer weben die Weibchen flache, weiße Eikokons, die sie bewachen (s. Abb.).

Anyphaena accentuata, (Sotzenhausen SA) 24. 9. 8
Zora spinimana mit Eikokon, (Federseegebiet OS) 15. 7. 8

Familie Eusparassidae (Jagdspinnen)

Die Eusparassiden sind hauptsächlich in den Tropen verbreitet. Manche Arten werden immer wieder als „Bananenspinnen" mit Südfrüchten eingeschleppt. Dabei handelt es sich meist um sehr große, flachgedrückte Spinnen, die durch ihre seitwärts gestellten Beine sehr an Krabbenspinnen oder Laufspinnen erinnern. Bei der einzigen heimischen Art sind die Beine nicht deutlich seitwärts ausgerichtet. Sie erinnert im Habitus mehr an Sackspinnen, ist aber so markant gefärbt, daß Verwechslungen kaum möglich sind.

Micromata rosea (= M. viridissima) (Grüne Huschspinne)

Die Grüne Huschspinne ist eine der auffälligsten und schönsten Spinnen unserer Heimat. Das Weibchen wird 13 mm groß. Sein Prosoma und die Beine sind grasgrün gefärbt, die Augen mit einem Saum weißer Haare umgeben. Das Opisthosoma zeigt auf gelbgrünem Grund einen grünen Lanzettfleck. Beim 10 mm großen Männchen besitzt der gelbe Hinterkörper einen mittleren, karminroten Längsstreifen und gleichgefärbte Seitenränder. Jungspinnen sind oft mit zahlreichen rosa Punkten gezeichnet.

Durch ihre Färbung ist die Grüne Huschspinne in der Vegetation schwer zu entdecken; sie ist aber häufiger, als man allgemein annimmt. Ihr Lebensraum sind lichte Laubwälder und Waldsäume, vor allem die Ränder sonniger Waldwege. Die Reifezeit erstreckt sich von Ende Mai bis Juli. Nach der Paarung webt das Weibchen einige Blätter, oft Himbeerblätter, zu einer geräumigen Wohnung zusammen, in der es seinen Eikokon bewacht. Zu dieser Zeit verhält sich die sehr flinke Spinne äußerst aggressiv und beißt bei jeder Störung sofort zu; ihr Biß besitzt jedoch keine nennenswerte Giftwirkung.

Micromata rosea, Weibchen, (Fetzachmoos OS) 29. 6. 8
Micromata rosea, Männchen, Ringingen SA, 26. 5. 7

Familie Thomisidae (Krabbenspinnen)

Zu den leicht ansprechbaren Spinnenfamilien gehören die Krabbenspinnen. Ihre Beine sind flach seitlich ausgebreitet, wobei die eigentliche Vorderseite nach oben gedreht ist. Die beiden Vorderbeinpaare sind deutlich länger und kräftiger als die hinteren. Lediglich mit den Laufspinnen (Philodromidae), die von manchen Autoren mit den Thomisiden vereinigt werden, haben sie einige Ähnlichkeit. Die Krabbenspinnen sind tagaktive Ansitzjäger; sie lauern oft auf Blüten. Bei uns kommen etwa 40 Arten vor.

Thomisus onustus

Thomisus onustus erreicht als Weibchen 7-10, als Männchen 3-5 mm Körperlänge. Die Färbung ist meist leuchtend gelb, vor allem in Südeuropa auch rosa oder weiß. Das Hinterende des Opisthosoma ist beiderseits winklig erweitert. Auch die Stirn ist an den Seiten kantig ausgezogen. Durch diese Merkmale ist *T. onustus* leicht von der ähnlichen *Misumena vatia* (s. folgende Seite) zu unterscheiden.
T. onustus ist eine südliche Spinne, die bei uns nur in Wärmegebieten, wie der Oberrheinischen Tiefebene, auf Trockenrasen vorkommt. Sie sitzt meist auf Blüten und ist farblich oft hervorragend dem Untergrund angepaßt. Ein Farbwechsel wurde aber bei dieser Art anscheinend noch nicht nachgewiesen. Die Spinne erbeutet manchmal recht große und wehrhafte Beutetiere, wie Schmetterlinge und Honigbienen, die sie durch einen gezielten Biß in den Nakken schnell tötet, ohne daß sie ihren Giftstachel einsetzen können. Auf dem Foto hat sie eine bienenähnliche Schwebfliege (Eristalis) erbeutet. Ab Mai kann man adulte Exemplare finden.

 Th. onustus mit erbeuteter Schwebfliege, Schelingen KS 7. 6. 7(

Familie Thomisidae (Krabbenspinnen)

Misumena vatia (= M. calycina)

Misumena vatia zeigt einen sehr deutlichen Sexualdimorphismus. Die Männchen erreichen nur etwa 4, die Weibchen bis 10 mm Körperlänge. Während die Männchen weiß bis grünlich gefärbt sind und eine ausgedehnte, dunkelbraune Zeichnung am Körper und den Beinen zeigen, kann die Färbung der Weibchen zwischen leuchtend gelb, gelbgrün und weiß schwanken; als Zeichnung sind gelegentlich zwei rote Längsstreifen an den Seiten des Hinterkörpers entwickelt. Wie Untersuchungen gezeigt haben, kann die Spinne ihre Körperfarbe dem jeweiligen Untergrund anpassen (WEIGEL 1941).

Zum Farbwechsel sind aber nur die adulten Weibchen befähigt. Die Gelbfärbung entsteht durch Einlagerung eines flüssigen, gelben Farbstoffes in die Epidermiszellen, die Weißfärbung durch Verlagerung dieses Pigments ins Körperinnere. Die Epidermiszellen sind dann durchsichtig, so daß das in oberflächliche Drüsen eingelagerte, weiße Guanin (ein Stoffwechsel-Endprodukt) sichtbar wird. Bei längerem Aufenthalt auf weißen Blüten wird der gelbe Farbstoff teilweise mit dem Kot ausgeschieden. Die Steuerung des Farbwechsels geschieht über den Gesichtssinn, wie sich durch schwarzes Lackieren der Augen nachweisen ließ.

M. vatia kommt im südlichen und mittleren Deutschland recht häufig vor. Sie lebt z. B. auf Trockenrasen und an sonnigen Waldrändern. Meist findet man sie auf Blüten, doch ist sie durch ihre angepaßte Färbung häufig fast unsichtbar. Oft findet man sie nur deshalb, weil ein Beutetier, das sie aussaugt, leblos von der Blüte herabhängt. Blütenbesuchende Schwebfliegen, Honigbienen und Schmetterlinge sind ihre Hauptbeute. Die Spinne ist von Mai bis Juli ausgewachsen.

Misumena vatia, gelb, Schelingen KS 16. 5. 76
Misumena vatia, weiß, Dransfeld SN VI. 73

Familie Thomisidae (Krabbenspinnen)

Diaea dorsata

Diaea dorsata ist leicht zu erkennen. Während Prosoma und Beine hellgrün gefärbt sind, zeigt das Opisthosoma auf weißgelbem Grund eine braune, schildförmige Zeichnung. Die Augen sind weiß umrandet. Die Spinne wird bis 7 mm lang und ist bei uns überall häufig. Sie lebt vorzugsweise in der Strauchschicht, besonders an Waldrändern auf und unter Blättern von Eichen. *D. dorsata* überwintert im letzten Jugendstadium; man findet sie dann – oft mit *Anyphaena accentuata* vergesellschaftet – regelmäßig unter der Rinde abgestorbener Bäume. Sie ist ab Mai adult.

Im Verhalten der Art zeigen sich einige Besonderheiten (BRAUN 1958), die für Krabbenspinnen einmalig sind. Die Männchen fechten z. B. untereinander „Kommentkämpfe" aus, indem sie sich mit weit ausgebreiteten Vorderbeinen wenige Millimeter entfernt gegenüberstehen und manchmal stundenlang, immer wieder vor- und zurückweichend, umhertänzeln. Zur Paarung seilt sich das Weibchen an einem Faden ab und wird dann, am Faden hängend, vom Männchen bestiegen. Auch beim Beutefang scheinen Spinnfäden auf Blättern eine gewisse, wenn auch untergeordnete Rolle zu spielen.

Xysticus cristatus

Die Gattung Xysticus ist bei uns durch etwa 20, zumeist schwer bestimmbare Arten vertreten. Die Größe kann zwischen 3 und 10 mm schwanken. Die meisten Arten sind braun gefärbt und auf dem Opisthosoma mit hellen Querbinden sowie einem hell umrandeten Keilfleck gezeichnet. Zu dieser Gattung gehören einige unserer häufigsten Krabbenspinnen. Sie leben in der Kraut- und Strauchschicht. Da sie sich, wie fast alle Krabbenspinnen, bei der Jagd optisch orientieren, überrascht es etwas, daß die abgebildete Spinne eine Raupe des Zitronenfalters, also ein hervorragend an den Untergrund angepaßtes Beutetier, gefangen hat. Vermutlich hatte sich die Raupe bewegt, als sie zufällig von der Spinne berührt wurde.

Ein recht amüsantes Schauspiel ist die Paarung dieser Krabbenspinne. Das Männchen fesselt nämlich sein Weibchen durch mehrere, allerdings mehr symbolische Spinnfäden an die Unterlage, zumeist ein Blatt. Dann kriecht es unter das Weibchen und vollzieht die Paarung. Später läuft dieses davon, ohne durch die Fäden sonderlich behindert zu werden. Nach der Paarung webt es im Juli oder August einen flachen Eikokon, meist auf Gräsern, und bewacht ihn.

Diaea dorsata, (Gutenzell OS) 13. 11. 83
Xysticus cristatus mit erbeuteter Raupe des Zitronenfalters, Ringingen SA 6. 6. 78

Familie Philodromidae (Laufspinnen)

Die Philodromiden besitzen seitwärts gestellte Laufbeine wie die Krabbenspinnen. Zwischen den vorderen und den hinteren Beinpaaren gibt es aber keinen deutlichen Unterschied in der Länge und Stärke. Die Laufspinnen jagen ihre Beute frei umherlaufend, etwa wie die Wolfspinnen. Bei uns kommen ca. 25 Arten aus drei Gattungen vor.

Philodromus margaritatus

Mit fast 20 Arten ist die Gattung Philodromus die weitaus artenreichste innerhalb der Philodromiden. Die Spinnen sind auffällig flachgedrückt (man nennt sie daher auch Flachstrecker), so daß sie sich leicht in Ritzen und unter Baumrinde verbergen können. Die meisten Arten sind braun gefärbt und schwer zu unterscheiden. Einige von ihnen findet man sehr häufig. Einer der selteneren Flachstrecker ist der markante, bis ca. 8 mm große *Philodromus margaritatus*. Sein Körper weist auf schiefergrauem Grund schwarze Flecken auf. Dadurch wird die Spinne auf einer grauen Rindenflechte fast unsichtbar. Man findet diese schöne Art vor allem im Winter unter der Rinde abgestorbener Kiefern. Auch die anderen Flachstrecker-Arten halten sich zur Winterruhe oft unter Baumrinde auf.

Tibellus maritimus

Die beiden Tibellus-Arten erinnern in der Ruhehaltung etwas an die Streckerspinnen der Gattung Tetragnatha. Ihr Opisthosoma ist sehr langgestreckt und auf gelbbraunem Grund mit einem dunklen Längsstreifen gezeichnet. Die Körperlänge beträgt etwa 10 mm. Während *Tibellus oblongus* nur ein Paar dunkler Punkte im hinteren Teil des Hinterkörpers besitzt, ist der abgebildete *T. maritimus* durch zwei Längsreihen solcher Punkte ausgezeichnet. Beide Arten leben vor allem in sandigem, sonnigem Gelände. Die Weibchen spinnen im Sommer einen flachen, weißen Eikokon auf Gräsern oder Heidekraut und bewachen ihn.

Thanatus sp.

Die fünf heimischen Thanatus-Arten besitzen als kennzeichnendes Merkmal vorn auf dem Opisthosoma einen dunklen, scharf abgesetzten Lanzettfleck. Die Färbung ist blaßgelb bis hellgrau. Die einzelnen Arten sind schwer zu bestimmen. Sie leben vorzugsweise auf sonnigem Ödland und feuchten Wiesen. Die Reifezeit liegt im Frühsommer.

Philodromus margaritatus, (Rotenburg LH) 7. 1. 78
Tibellus maritimus mit Eikokon, Rotenburg LH VII. 75
Thanatus sp., Baustetten OS IX. 76

Familie Salticidae (Springspinnen)

Die Springspinnen sind durch ihre stark vergrößerten, mittleren Frontalaugen unverkennbar. Seitlich davon liegen zwei etwas kleinere, dahinter ein Paar sehr kleine und schließlich in einer dritten Reihe wieder ein Paar größere Augen (S-17). Die Springspinnenaugen sind die leistungsfähigsten aller Spinnenaugen, besonders das vordere mittlere Paar. Dieses besitzt eine große Brennweite, ist also gewissermaßen ein Teleobjektiv mit entsprechend engem Bildwinkel. Diesen letzten Nachteil vermag die Spinne durch eine seitliche Beweglichkeit der Netzhaut auszugleichen. Sie besitzt damit die gleichen Möglichkeiten, als könnte sie diese Augen bewegen. Neben den Augen sind der untersetzte, kräftige Körper und das wohlentwickelte Sprungvermögen weitere Springspinnenmerkmale. Sie erjagen ihre optisch wahrgenommene Beute durch Anschleichen und Zuspringen. Bei uns kommen etwa 70 Arten vor, von denen nur wenige vorgestellt werden können.

Salticus scenicus (Zebra-Springspinne)

Die Zebra-Springspinne wird 5-7 mm groß und besitzt eine auffallende, weiße Querstreifung auf schwarzem Grund. Auf dem Hinterkörper sind diese Querstreifen in der Mitte unterbrochen. Die Männchen besitzen sehr lange, schräg vorgestellte Cheliceren (die Abbildung zeigt ein Weibchen). *Salticus scenicus* ist die weitaus häufigste Art aus ihrer Gattung (3 Arten). Sie lebt besonders häufig an und in menschlichen Gebäuden und kann das ganze Jahr hindurch gefunden werden.
Der Beutefang läßt sich leicht beobachten, wenn man die Spinne und ein Beutetier (eine Fliege oder Mücke) unter einer Glasglocke zusammenbringt. Sobald die Spinne eine Bewegung der Beute durch ihre kleineren, seitlichen Augen wahrgenommen hat, dreht sie ihren Körper so weit herum, bis diese in den Sehbereich ihrer großen Stirnaugen gerät und jetzt scharf abgebildet wird. Dann pirscht sie sich an das Beutetier heran, bleibt etwa 1-2 cm davor zusammengekauert stehen und springt von dort blitzschnell auf das Opfer.

Aelurillus v-insignitus

Das ca. 5 mm große Männchen von *Aelurillus v-insignitus* ist durch die auffällige, V-förmige Zeichnung auf der Stirn unverkennbar. Das Opisthosoma zeigt auf schwarzem Grund einen weißlichen Längsstreifen. Das etwas größere Weibchen dagegen ist unauffällig grau und schwarz gescheckt und schwer von anderen Springspinnen zu unterscheiden. *Ae. v-insignitus* ist im Frühjahr reif und lebt an warmen, vegetationsfreien Stellen. Die Art ist vor allem in Süd- und Mitteldeutschland auf Geröllflächen verbreitet, fehlt aber auch in den norddeutschen Sandgebieten nicht.

 Salticus scenicus mit erbeuteter Stechmücke, (Rotenburg LH) I. 76
Aelurillus v-insignitus, (Witzenhausen NH) V. 71

Familie Salticidae (Springspinnen)

Heliophanus aeneus (= H. muscorum)

Die Gattung Heliophanus ist bei uns mit 12 Arten vertreten, die sich durch einen spärlich behaarten, schwarzen Körper mit auffälligem Metallglanz auszeichnen. Die einzelnen Arten sind nicht leicht zu unterscheiden. *Heliophanus aeneus* erreicht etwa 5 mm Körperlänge. Die Pedipalpen sind beim Weibchen bis auf den schwarzen Femur weißgelb, die Beine überwiegend schwarz, mit helleren Tarsen und Metatarsen. Das Opisthosoma ist vorn und seitlich schmal weiß gerandet. Auf seiner Oberseite befinden sich in der Mitte zwei kleine weiße Haarpunkte, kurz vor dem Hinterende zwei größere. *H. aeneus* ist eine der häufigeren Arten aus dieser Gattung. Die Spinne lebt vorzugsweise an warmen, steinigen Hängen. Im Winter findet man sie in allseits geschlossenen Gespinstsäcken unter Steinplatten, oft eine größere Zahl von Tieren beieinander.

Pellenes tripunctatus

Pellenes tripunctatus wird etwa 5 mm groß. Der schwarz pigmentierte Körper ist weißgrau, schwarz und braun behaart. Auf dem Rücken des Opisthosoma bildet die weiße Behaarung ein sehr markantes, kreuzförmiges Muster auf schwarzem Grund. Die Pedipalpen sind weißgelb mit weißer Behaarung.

P. tripunctatus ist in Süd- und Mitteldeutschland auf Trockenrasen weit verbreitet. Man findet die Spinne am leichtesten, wenn man im ausklingenden Winter leere Häuser von Heideschnecken der Gattung Helicella sammelt. In solchen Gehäusen überwintert diese Art, aber auch andere Springspinnen, regelmäßig. Sie webt im Inneren einen allseits geschlossenen Gespinstsack (links im Bild ist im Schneckenhaus das geöffnete Gespinst sichtbar). In die Wärme gebracht, kommt manchmal aus fast jeder zweiten Helicella eine Spinne hervor.

Auch eine weitere, wesentlich seltenere Art aus dieser Gattung, *Pellenes nigrociliatus,* überwintert in Schneckenhäusern (HORN 1980). Darüberhinaus spinnt sie dort auch ihre Eikokons. Sie unterscheidet sich von *P. tripunctatus* durch ihre Hinterleibszeichnung: die weißen Querflecken sind weit von der Längsbinde entfernt.

Heliophanus aeneus, (Rechtenstein SA) 6. 11. 77
P. tripunctatus auf dem Winterquartier, einer Heideschnecke *(Helicella itala),* (Barterode SN) 28. 3. 77

Familie Salticidae (Springspinnen)

2 Yllenus arenarius

Yllenus arenarius wird 6 mm groß. Der Körper einschließlich der Beine ist dicht, fast pelzartig, mit weißen, gelbbraunen und braunen Haaren bedeckt. Die verschiedenfarbigen Haare bilden ein scheckiges Muster, so daß die Spinne, ähnlich wie die Wolfspinne *Arctosa perita*, auf vegetationsfreiem Sandboden fast unsichtbar wird. Tatsächlich lebt auch *Y. arenarius* auf Sanddünen. Die östliche Art ist bei uns sehr selten und wurde seit vielen Jahren nicht mehr gefunden. Sie wird daher in der Roten Liste (HARMS 1984) unter der Kategorie 0 (ausgestorben oder verschollen) geführt. Im Sommer 1981 konnte ich sie aber auf zwei Binnendünen in der Norddeutschen Tiefebene wiederentdecken. Sie kommt dort sicher auch noch an anderen, ähnlichen Orten vor. Ich führe sie daher jetzt — in Absprache mit dem Autoren der Roten Liste — unter 2 (stark gefährdet).

Evarcha arcuata (= E. marcgravii)

Evarcha arcuata zeigt, wie viele Springspinnen, einen sehr ausgeprägten Sexualdimorphismus. Das bis 6 mm große Männchen besitzt einen tiefschwarzen Körper mit dunkelbrauner bis schwarzer Behaarung. Nur einzelne Haarfransen an den Beinen sowie markante Querbinden auf der Stirn und unter den Frontalaugen bestehen aus weißen Haaren. Das 7 mm große Weibchen dagegen ist am ganzen Körper braun und weiß behaart; an den Seiten des Hinterkörpers liegen je drei schwarze, schräggestellte Flecken, in der Mitte ein schmaler Lanzettfleck.

Evarcha arcuata ist bei uns nicht selten und im Sommer adult. Ihr Lebensraum sind feuchte bis mäßig trockene Wiesen. Das Weibchen spinnt in einem welken Blatt einen Gespinstsack, in dem es seinen Eikokon ablegt und bewacht. Bei uns kommen noch zwei weitere Evarcha-Arten vor, die aber anders gefärbt und gezeichnet sind.

Yllenus arenarius, Verden/Aller 3. 9. 8
Evarcha arcuata, (Baustetten OS) VIII. 7

Familie Salticidae (Springspinnen)

2 Philaeus chrysops

Das Männchen von *Philaeus chrysops* ist sicher die schönste Springspinne der heimischen Fauna. Es besitzt bei ca. 5-7 mm Körperlänge ein schwarzes Prosoma und ein leuchtend rot behaartes Opisthosoma mit schwarzem Lanzettfleck in der Rückenmitte. Die schwarzen Beine sind durch schwarze, gelbrote und weiße Haare bunt gescheckt. Das deutlich größere und plumpere Weibchen (es kann mehr als 10 mm Körperlänge erreichen) ist unscheinbar braun und gelblich oder grau behaart. Als Artkennzeichen besitzt es ebenfalls einen schwarzen Lanzettfleck auf hellem Grund. Die Männchen haben ein sehr ausgeprägtes Balzverhalten. Dabei dürfte auch die Färbung eine Rolle spielen. KAESTNER (1950) konnte zeigen, daß Springspinnen offentsichtlich in der Lage sind, Farben zu erkennen. Südlich der Alpen ist *P. chrysops* recht häufig, beispielsweise auf Küstenfelsen am Mittelmeer. Bei uns zählt diese schöne Spinne zu den größten Seltenheiten. Sie kommt hier nur an besonderen Wärmeinseln, etwa im Kaiserstuhl und im Altmühltal, vor. Reife Tiere findet man ab Mai.

Myrmarachne formicaria (= M. joblotii) (Ameisenspringspinne)

Myrmarachne formicaria verblüfft durch ihre Ameisenähnlichkeit. Das Prosoma der sehr schlanken, 5-6,5 mm großen Spinne täuscht durch eine Einschnürung Kopf und Thorax vor. Die Pedipalpen sind zur Spitze hin flachgedrückt und beilförmig verbreitert, so daß sie Ameisenmandibeln ähneln. Beim Laufen trägt die Spinne ihr vorderes Beinpaar zitternd emporgehalten wie eine Ameise ihre Fühler. Auch das Problem der falschen Beinzahl wird auf diese Weise elegant gelöst. Das Männchen (abgebildet ist ein Weibchen) besitzt sehr lange, gerade vorgestreckte Cheliceren.

Die Deutung dieses erstaunlichen Erscheinungsbildes als „Ameisenmimikry" war immer sehr umstritten, zumal Spinnen von sich aus wehrhafte Tiere sind. Eine derartige Bedeutung als Schutztracht wird aber durch die Beobachtung, daß viele Vögel Ameisen (vielleicht wegen eines schlechten Geschmacks) als Beute verschmähen, durchaus erklärbar. Wie ENGELHARDT (1971) nachweisen konnte, wird z. B. die ebenfalls ameisenähnliche Springspinne *Synageles venator* von Vögeln tatsächlich mit Ameisen verwechselt und nicht gefressen.

Die Ameisenspringspinne kommt bei uns in Süd- und Mitteldeutschland auf klimatisch begünstigten Trockenrasen vor. Sie überwintert oft in leeren Schneckenhäusern und ist im Frühjahr adult.

Philaeus chrysops, (Oberbergen KS) V. 7
Myrmarachne formicaria, (Werleshausen NH) 29. 3. 7

Familie Eresidae (Röhrenspinnen)

Die Ereside und die noch folgenden Spinnenfamilien zählen zu den cribellaten Spinnen. Diese fangen ihre Beute nicht mit Hilfe von Klebtropfen auf den Spinnfäden, sondern mit feinsten Kräuselfäden. Diese Kräuselfäden werden im Spinnsieb, dem Cribellum (Abb. 3), produziert und mit einem Borstenkamm am Metatarsus der Hinterbeine, dem Calamistrum, auf die Haltefäden des Netzes gelegt.
Die Ereside sind durch ihren robusten, kurzbeinigen Körper und die gerade abgestutzte Stirn springspinnenähnlich. Sie besitzen aber nur kleine, anders gestellte Augen: an der Stirnkante eine Querreihe mit vier Augen, davor und dahinter jeweils ein weiteres Paar (S-5). Die Vertreter dieser Familie sind außerdem sessile Netzspinnen mit röhrenförmigen Trichternetzen. Die Ereside sind besonders in den Tropen verbreitet; dort gibt es auch sozial lebende Arten. Bei uns kommt nur eine Art vor.

2 Eresus niger (= E. cinnaberinus)

Das prächtige Männchen von *Eresus niger* wird etwa 10 mm groß. Sein schwarzes Prosoma ist mit schwarzen, z. T. auch mit weißen und roten Haaren bekleidet. Das feuerrot behaarte Opisthosoma ist mit vier großen, schwarzen Punkten gezeichnet. Die Beine sind weiß geringelt und auch teilweise rot behaart. Die großen Weibchen (bis 16 mm, in Südeuropa auch größer) sind einfarbig schwarz behaart. Manchmal, besonders im Süden, besitzen sie eine gelb gescheckte Stirn. Insgesamt zeigt diese Spinne eine große regionale Veriabilität in der Färbung.
E. niger führt eine sehr verborgene Lebensweise (NØRGAARD 1941). Die Spinne lebt auf vegetationsarmen Trockenrasen in einer mit Gespinst ausgekleideten Erdröhre. Oberirdisch öffnet sich das Netz zu einem Trichter, der mit einem Gespinstteppich überdacht ist. Von der Überdachung ziehen cribellate Fangfäden in die Umgebung des Netzes. Die Spinne erbeutet damit oft große, stark gepanzerte Käfer, wie Mistkäfer (Geotrupes) und Sandlaufkäfer (Cicindela). Sie lebt in Kolonien und wird drei Jahre alt. Es ist aber äußerst schwer, eine solche Kolonie zu finden, da die Netze immer sehr versteckt angelegt sind. Nur die reifen Männchen sieht man auf der Suche nach Weibchen im August/September und dann wieder im Mai frei umherlaufen. Das Weibchen deponiert den Eikokon im Netz und füttert später die Jungen durch vorgewürgte Nahrung von Mund zu Mund. Nach seinem Tod dient sein Körper den Jungen als zusätzliche Nahrung.
Bei uns gehört *E. niger* zu den größten Seltenheiten und gilt als stark gefährdet. Die Art wurde bisher u. a. in der Lüneburger Heide, auf der Fränkischen Alb und im Kaiserstuhl gefunden. Die meisten Funde liegen jedoch schon lange zurück. In Südeuropa dagegen ist die Spinne ziemlich häufig.

Eresus niger, Weibchen , (Talamone/Toscana) 10. 6. 81
Eresus niger, Männchen, (Betzhorn LH) IX. 76

Familie Dictynidae (Kräuselspinnen)

Die Dictyniden sind eine Familie durchwegs kleiner cribellater Spinnen. Ihre Vertreter erreichen nur etwa 2-5 mm Körperlänge. Das Gespinst der Kräuselspinnen besteht aus einem Schlupfwinkel und von dort in die Umgebung ausstrahlenden Fäden, die nur streckenweise mit Cribellum-Wolle bedeckt sind. Die etwa 15 heimischen Arten sind schwer zu bestimmen.

Dictyna arundinacea

Dictyna arundinacea wird höchstens 3,5 mm groß. Ihr Körper ist grau und weiß behaart. Auf der Oberseite des Opisthosoma verläuft ein breites, braunes Längsband, das mehrfach unterbrochen ist. *D. arundinacea* ist bei uns sehr häufig, vermutlich die häufigste cribellate Spinne überhaupt. Sie kommt in vielen verschiedenen Lebensräumen vor, doch ihr Verbreitungsschwerpunkt liegt in sonnigem, trockenem Ödland. Die Reifezeit fällt in die Monate Mai und Juni. Zu dieser Zeit ist die Art leicht zu finden, da jetzt überall die vorjährigen, trockenen Pflanzen mit ihren Gespinsten überzogen sind. Die Spinne sitzt in einem dicht gewobenen Schlupfwinkel an einer Verzweigung des Pflanzenstengels. Vom Schlupfwinkel aus führen zahlreiche Fäden in die Umgebung. Diese sind streckenweise mit feinen cribellaten Spinnfäden bedeckt, aber auch teilweise frei von solchen Kräuselfäden.

Nigma walckenaeri (= Dictyna walckenaeri, D. viridissima)

Nigma walckenaeri ist ausnahmsweise eine Art, die leicht zu erkennen ist. Mit bis zu 5 mm Körperlänge ist sie die größte heimische Dictynide. Die Spinne besitzt (als Weibchen) ein gelbliches oder (als Männchen) ein rotbraunes Prosoma und ein leuchtend grünes Opisthosoma. Die Beine sind gelb bis grün gefärbt. Über den ganzen Körper verteilt finden sich kleine Gruppen weißer Haare.
Die Spinne ist im August und September reif. Sie lebt vor allem auf Blättern von Kletterpflanzen, die an südexponierten Hauswänden hochranken (aber auch im Innern von Gebäuden). In der Wölbung am Grund einer Blattspreite webt sie als Schlupfwinkel ein nach zwei Seiten offenes Gespinstdach. Vor der zur Blattspitze weisenden Öffnung spannt sie über einigen geraden Wegfäden zickzackförmig verlaufende, cribellate Fangfäden. In diesem unscheinbaren, kleinen Netz fängt *N. walckenaeri* oft große Beutetiere, z. B. Stubenfliegen.

Dictyna arundinacea, (Allmendingen SA) V. 76
Fangnetz von *Dictyna arundinacea* (Spinne im Zentrum), Ringingen SA 18. 5. 77
Nigma walckenaeri, (Rotenburg LH) 26. 12. 77

Familie Uloboridae (Kräuselradnetzspinnen)

Die Uloboriden sind cribellate Radnetzspinnen, die keine Giftdrüsen besitzen. Ihr Cribellum ist ungeteilt, das Calamistrum einreihig. Sie weben Radnetze wie die Radnetzspinnen (Araneidae), aber die Fangfäden sind nicht mit Klebtröpfchen, sondern mit Kräuselfäden versehen. In der heimischen Fauna ist diese Familie nur mit 2 Arten vertreten.

3 **Uloborus walckenaerius**

Durch ihren schlanken Körperbau unterscheidet sich diese Art deutlich von der folgenden. Ihre Oberseite ist weißlich bestäubt. In der Seitenansicht fällt am Hinterkörper eine Reihe weißlicher Haarschöpfe auf. Das Vorderbeinpaar ist deutlich länger und kräftiger als die übrigen Beine. Die Weibchen erreichen 6-8 mm Körperlänge; die Männchen bleiben deutlich kleiner.

Die Fangnetze dieser interessanten Spinne haben etwa 10-20 cm Durchmesser und werden waagerecht zwischen niedrigen Pflanzen, vor allem Heidekraut, ausgespannt. Es sind Radnetze ganz nach Araneiden-Art, nur eben mit Kräuselfäden auf der Fangspirale. Auffallend sind ferner 2 oder 3 etwas unregelmäßige Stabilimente, flächige Gespinstbänder, die vom Netzzentrum radial nach außen führen. Bei diesen Stabilimenten (sie kommen auch bei verschiedenen Radnetzspinnen vor) handelt es sich aller Wahrscheinlichkeit nach um Netzstrukturen, die der Tarnung der Spinne dienen. Die Spinne hält sich stets im Netz, und zwar bauchoben unterhalb der Nabe, auf.

Im Juli kann man bei den Netzen die sehr markanten Eikokons finden. Sie sind etwa 2 cm lang, spindelförmig und an den Seitenrändern gezackt. Die Form erklärt sich aus der Entstehungsweise: die Spinne verwendet als Grundlage zum Kokonbau zwei Radien des Fangnetzes, die sie als Kokon-Grundplatte mit einem festen Gewebe bedeckt. Wo die Netzspirale die Radien kreuzt, entstehen die markanten Auszackungen.

Uloborus walckenaerius ist eine Spinne des Mittelmeergebietes, die in unseren Breiten zu den größten Seltenheiten gehört. Sie kommt in warmen, meist sandigen Heidegebieten vor und wurde z. B. in der Umgebung von Nürnberg (hier an vielen Stellen) und am Oberrhein gefunden.

Uloborus walckenaerius (Roth FR) 17. 6. 76
Uloborus walckenaerius im Netz, Roth FR 16. 7. 76
Uloborus walckenaerius mit Eikokon, Roth FR 16. 7.76
Juv. von *Uloborus walckenaerius* am Eikokon, Roth FR 16. 7. 76

Familie Uloboridae (Kräuselradnetzspinnen)

Hyptiotes paradoxus (= Uptiotes paradoxus) (Dreiecksspinne)

Das Prosoma der Dreiecksspinne ist in Aufsicht fast kreisförmig und mit weißen oder gelblichen Schuppenhaaren besetzt. Die Augen liegen in zwei Reihen, das hintere mediane Paar hinter dem vorderen äußeren (S-7). Das Opisthosoma ist deutlich emporgewölbt, in Seitenansicht fast dreieckig und sehr variabel gezeichnet. Die Körperlänge beträgt 4-5 mm.
Sehr auffallend ist das Fangnetz der Dreiecksspinne; seine dreieckige Form war der Anlaß zur Namensgebung. Es stellt das Rudiment eines Radnetzes dar, das nur noch aus drei Sektoren besteht, die in einen gemeinsamen Signalfaden auslaufen. Zwischen den 4 Speichenfäden der 3 Sektoren sind die mit Cribellumfäden überzogenen Fangfäden leiterförmig ausgespannt. Die Spinne hält das Ende des Signalfadens mit beiden vorderen Beinpaaren; sie selbst ist mit einem Sicherheitsfaden und oft zusätzlich durch die Hinterbeine an einem Zweig verankert. Die Spinne bildet also gewissermaßen mit ihrem Körper eine Brücke zwischen Zweig und Fangnetz.
Gerät nun ein Beutetier in das Netz, läßt sich die Spinne am Sicherheitsfaden nach unten sinken. Da aber das Netz unter einer starken Spannung steht, fällt die Spinne nicht nach unten, sondern wird mit dem Signalfaden zum Netzzentrum hingezogen. Dabei fällt gleichzeitig die cribellate Fangzone des Netzes zu einem unentwirrbaren Knäuel in sich zusammen. Die Beute wird auf diese Weise sicher gefangengehalten – das Netz muß jedoch nach jedem Fangakt völlig neu gewoben werden. Hyptiotes besitzt wie alle Uloboriden keine Giftdrüsen. Daher wickelt die Spinne ihre Beute besonders sorgfältig ein, bevor sie diese mit Verdauungssaft einspeichelt und aussaugt.
Die Dreiecksspinne gehört bei uns zu den durchaus häufigen, allgemein verbreiteten Arten. Wegen ihres unscheinbaren Äußeren ist sie zwar schwer sichtbar – durch ihr Fangnetz und den typischen Lebensraum aber verhältnismäßig leicht zu finden. Sie lebt fast ausschließlich an Fichten und hier an den unteren, trockenen Zweigen, etwa in Kopfhöhe. In etwa 5-10 m hohen Fichtenbeständen wird man selten vergeblich nach den charakteristischen Netzen suchen. Da die Spinnen eine zweijährige Entwicklungszeit haben, sind vom Frühjahr bis spät in den Herbst hinein halbwüchsige oder adulte Tiere zu finden. Die Paarungszeit fällt meist in die Monate August und September.

Fangnetz von *Hyptiotes paradoxus,* Wiblingen OS IX. 76
Hyptiotes paradoxus, Rotenburg LH IX. 75

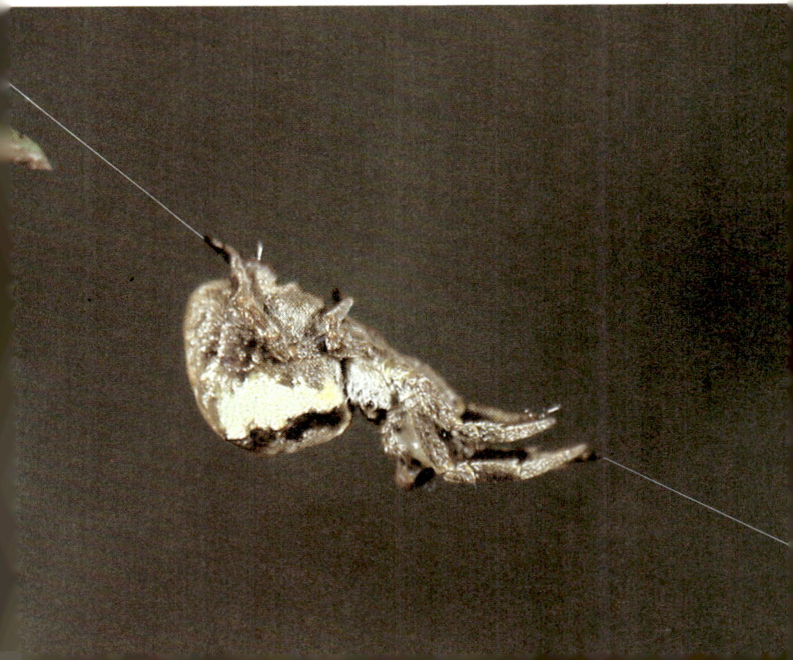

Familie Amaurobiidae (Finsterspinnen)

Die Amaurobiiden ähneln im Körperbau, aber auch in ihren Netzen den Ageleniden. Als cribellate Spinnen weben sie aber Kräuselfäden zum Beutefang. Außerdem sind ihre Spinnwarzen deutlich kürzer als bei den Trichterspinnen. Bei uns kommen neun Arten aus zwei Gattungen vor.

Amaurobius fenestralis

Die Amaurobius-Arten erinnern sehr an die Trichterspinnen der Gattung Coelotes. *A. fenestralis*, eine unserer häufigsten Arten, erreicht 8 mm Körperlänge. das Opisthosoma ist gelb und braun gefärbt; vorn liegt, scharf abgesetzt, ein schwarzer, nach hinten verbreiterter Fleck auf hellem Grund. In der Mitte ist dieser Fleck durch einen hellen Längsstreifen geteilt.
A. fenestralis kommt vorzugsweise in Wäldern vor. Die Spinne lebt unter der Rinde abgestorbener Bäume, in Felsritzen oder im Moos. Sie webt ein kleines, grobmaschiges Trichternetz, das durch die Cribellum-Fäden bläulich schimmert. Der Trichter mündet in eine verborgene Röhre, in der sich die Spinne aufhält. Sie überwintert im reifen Zustand und paart sich im Frühjahr. Das Weibchen baut danach seine Wohnröhre zu einem allseits geschlossenen Schlupfwinkel aus. Dort spinnt es seinen Eikokon, stirbt wenig später und dient den geschlüpften Jungspinnen als erste Nahrung. Außer *A. fenestralis* gibt es bei uns noch weitere fünf, z. T. ähnliche Arten aus dieser Gattung.

Titanoeca quadriguttata (= T. obscura)

Titanoeca quadriguttata wird etwa 5 mm groß. Die Spinne besitzt ein rotbraunes Prosoma und ein schwarzbraunes Opisthosoma. das Männchen (s. Abb.) ist zusätzlich durch 4 weiße Flecken auf dem Hinterkörper gezeichnet und dadurch leicht zu erkennen. *T. quadriguttata* lebt fast ausschließlich unter Kalksteinen an warmen, sonnigen Hängen. An solchen Orten ist sie meist häufig. Das grobmaschige Trichternetz ist schwer zu sehen, da man es beim Umdrehen der Steine fast immer zerstört. Die Art ist ab Mai reif.

Amaurobius fenestralis, (Schwiegershausen SN) IV. 75
Titanoeca quadriguttata, Männchen, Gerhausen SA 26. 4. 78

Die übrigen Spinnentiere

Ordnung Scorpiones (Skorpione)

Die Skorpione gelten als die ursprünglichsten der heute lebenden Spinnentiere. Ihr Prosoma ist in ganzer Breite mit dem Opisthosoma verbunden; dieses ist aber unterteilt in ein breites Mesosoma und ein schmales, sehr bewegliches Metasoma. Das Metasoma endet mit einer Giftblase und einem Stachel. Einige der tropischen Arten verfügen über gefährliche, z. T. auch für den Menschen lebensbedrohliche Gifte. Die Cheliceren sind klein und scherenförmig. Die langen, waagerecht abgespreizten Pedipalpen tragen dagegen sehr große Scheren. Die Augen liegen in der Mitte des Prosomarückens (ein Paar) sowie vorn an dessen Seiten (2-5 Paare).

Die Beute, meist sind es Arthropoden, wird mit den Pedipalpenscheren ergriffen, durch den weit nach vorn gebogenen Giftstachel getötet und dann zur weiteren Bearbeitung an die Cheliceren übergeben.

Die Paarung ist – wie auch bei der folgenden Ordnung – mit einem amüsanten Tanz verbunden. Das Männchen ergreift die Pedipalpen des Weibchens, führt es hin und her und setzt dann eine kompliziert gebaute, gestielte Spermatophore ab. Dann dirigiert es das Weibchen solange, bis dieses das Samenpaket mit seiner Genitalöffnung aufnehmen kann. Die jungen Skorpione werden lebend geboren und besteigen den Rücken der Mutter. Sie beteiligen sich an deren Nahrungsaufnahme und werden nach einigen Häutungen selbständig.

In Deutschland kommen keine Skorpione vor. Bereits in Südtirol aber leben drei Euscorpius-Arten, am häufigsten *Euscorpius italicus.* Er erreicht 3,5 cm Körperlänge und ist etwa im Gardasee-Gebiet unter Steinen nicht selten. Sein Stich ist harmlos und entspricht etwa einem Wespenstich. Sehr schmerzhaft dagegen ist ein Stich des mediterranen *Buthus occitanus,* der besonders in Spanien vorkommt. Dieser Skorpion ist mehr strohgelb gefärbt, hat auffallend schmale Scheren und ein sehr kräftiges Metasoma. Sein Stich ist oft mit vorübergehenden Lähmungserscheinungen verbunden.

Euscorpius italicus, Italienischer Skorpion (Gardaseegebiet) 17. 4. 78
E. italicus, Skorpionweibchen mit Jungen (Scarlino/Toscana) 10. 9. 79

Ordnung Pseudoscorpiones (Pseudoskorpione)

Die Pseudoskorpione sind Zwergformen von 1-4,5 mm Größe. Ihr deutlich segmentiertes Opisthosoma ist in ganzer Breite mit dem Prosoma verbunden. Da die langen Pedipalpen Scheren tragen, erscheinen die Tiere skorpionähnlich. Im Gegensatz zu wirklichen Skorpionen fehlt aber das schwanzartige, schmale Metasoma mit dem Giftstachel. Doch auch die Pseudoskorpione besitzen Giftdrüsen. Sie münden in einem oder beiden Scherenfingern der Pedipalpen. Die kleinen Cheliceren sind ebenfalls scherenförmig; in ihren Spitzen münden Spinndrüsen. Für längere Ruheperioden und zur Häutung weben sie damit flache Gespinstnester.
Pseudoskorpione leben z. B. am Waldboden, unter Baumrinde, in alten Vogelnestern oder in Häusern. Manche Arten findet man häufiger an Fliegenbeinen festgeklammert. Sie ergreifen und töten ihre Beutetiere, wie kleine Springschwänze, Staubläuse und dergl., mit den Pedipalpenscheren und reichen sie an die Cheliceren weiter. Dort wird die Beute durchgeknetet, mit Verdauungssaft beträufelt und ausgesogen.
Bei der Paarung ergreift das Männchen sein Weibchen an den Pedipalpenscheren und tanzt mit ihm vor und zurück. Dann setzt es eine gestielte Spermatophore ab und zieht das Weibchen darüber. Dieses nimmt die Spermaflüssigkeit mit seiner Genitalöffnung auf. Das Paarungsverhalten kann auch in unterschiedlicher Weise abgewandelt sein. Die Männchen mancher Arten setzen z. B. wahllos Spermatophoren ab, die von den Weibchen ganz zufällig gefunden werden.
Hochinteressant ist auch das Brutpflegeverhalten. Das Weibchen trägt seine Eier in einem aus Sekret gebildeten Brutsack unter dem Opisthosoma. Die Embryonen werden darin ständig mit Nährflüssigkeit versorgt, bis schließlich fertige, kleine Pseudoskorpione schlüpfen. Weitere Einzelheiten zur Lebensweise dieser interessanten Tiergruppe finden sich bei WEYGOLDT (1966).
Von den etwa 30 heimischen Arten können zwei vorgestellt werden *Chelifer cancroides*, der bis 4,5 mm große Bücherskorpion, wird gelegentlich in alten Büchern angetroffen, wo er Jagd auf Staubläuse macht. *Neobisium muscorum*, der etwa 3 mm große Moosskorpion lebt sehr häufig am Waldboden. Er ist am sichersten durch Sieben der Streuschicht zu finden.

Chelifer cancroides, der Bücherskorpion, (Lautern SA) 5. 2. 7

Neobisium muscorum, (Göttingen SN) II. 7.

Ordnung Opiliones (Weberknechte)

Die Weberknechte sind zumeist sehr langbeinige Spinnentiere, bei denen Pro- und Opisthosoma zu einer kompakten 2-12 mm großen Einheit verschmolzen sind. Die langen Tarsen der Beine sind durch zahlreiche Scheingelenke sehr beweglich; sie können wie Lassos um Pflanzenstengel gerollt werden. Die Cheliceren sind lang, die Pedipalpen tasterförmig. Die zwei Augen liegen an den Seiten eines Augenhügels in der Körpermitte.
Die meisten Weberknechte leben am Waldboden oder in der Krautschicht, einige auch an oder in Häusern. Sie ernähren sich von lebenden und toten Tieren, anscheinend auch teilweise von Pflanzen. Die Lebensweise, speziell auch die Ernährungsweise, ist aber bisher noch wenig erforscht.
Die Paarung erfolgt durch ein Begattungsglied (Penis), das vom Männchen unter den Bauchplatten hervorgeschoben wird. Das Weibchen besitzt eine sehr lange, biegsame Legeröhre, mit der es seine Eier im Erdboden oder unter Holzstücken ablegt.
Für Weberknechte gibt es ein sehr gutes Bestimmungsbuch (MARTENS 1978). Von den etwa 40 heimischen Arten werden zwei vorgestellt. *Amilenus aurantiacus* ist eine Art des Waldbodens. Dieser (ohne Beine) etwa 4 mm große Weberknecht lebt vor allem in felsigen Gebieten und wandert im Herbst subadult in Höhlen ein, um dort den Winter zu verbringen. Hier häutet er sich ein letztes Mal, kehrt im Frühjahr in den Wald zurück und legt am Boden seine Eier ab.
Ein sehr seltener Weberknecht ist *Ischyropsalis hellwigi*, der Schneckenkanker. Er ist schwarz gefärbt und besitzt außerordentlich lange und kräftige Cheliceren. Diese übertreffen mit mehr als 1 cm Länge die Körperlänge (ca. 7 mm) deutlich. Mit diesen gewaltigen Werkzeugen bricht der Schneckenkanker die Schalen von Gehäuseschnecken auf und verzehrt den Inhalt. Er lebt in Bergwäldern und wird gelegentlich unter Holzstücken gefunden. Wegen seiner Seltenheit steht er unter Naturschutz.

Amilenus aurantiacus, (Schelklingen SA) 11. 11. 7‍9
Ischyropsalis hellwig
überwältigt eine Schnecke, (Göttingen SN) VII. 7

Ordnung Acari (Milben)

Die Milben sind kleine bis winzige Spinnentiere. Die kleinsten Vertreter sind mit etwa 0,1 mm Gesamtlänge zugleich die kleinsten bekannten Arthropoden (Gliederfüßer); die größten erreichen 5 mm. Vollgesogene Zecken können es sogar auf über 1 cm bringen.
Der Körper ist in drei Abschnitte gegliedert. Die ersten beiden Segmente mit Cheliceren und Pedipalpen sind als Gnathosoma vom Vorderkörper abgegliedert. Die beiden folgenden Segmente mit dem Laufbeinenpaaren 1 und 2 bilden wiederum eine Einheit, das Propodosoma. Die beiden hinteren Laufbeinpaare schließlich sind mit dem Opistosoma zum dritten Abschnitt, dem Hysterosoma, verschmolzen. Im Zusammenhang mit der Lebensweise finden sich vielfache Abwandlungen des Körperbaus, z. B. können die Beine vollkommen zurückgebildet sein.
Milben bewohnen alle nur denkbaren Lebensräume. Viele Arten sind als Vorratsschädlinge und Parasiten des Menschen wirtschaftlich oder medizinisch sehr bedeutsam. Neben schädlichen Formen gibt es aber weit mehr Milben, die sich als Vertilger kleiner Arthropoden und als Zersetzer organischer Substanz sehr nützlich machen. Von den etwa 10 000 bekannten Milbenarten kommen ca. 3 000 in Deutschland vor. Eine Artbestimmung ist außerordentlich schwierig. Aus der großen Formenfülle werden zwei Beispiele gezeigt.
Zu den größten Vertretern der Milben gehören die Zecken der Gattung Dermacentor. Diese südlichen Zecken erreichen schon im ausgehungerten Zustand fast 5 mm Körperlänge. Sie kommen auch in Süddeutschland vor und sind durch ihre bunte Emailfärbung sehr auffällig. Neben Blutsaugern an Wirbeltieren gibt es auch Schmarotzer bei niederen Tieren. So entwickeln sich z. B. viele Trombidiiden (Laufmilben) als Larven auf Insekten. Der abgebildete Grashüpfer ist mit zahlreichen derartigen Trombidiidenlarven besetzt, die sich als ungegliederte, sackförmige Parasiten an einer Gelenkhaut festgesogen haben. Später häuten sie sich und gehen zu einer freilebenden, räuberischen Ernährungsweise über.

150 *Dermacentor sp.*, eine südliche Zecke, (Talamone/Toscana) 14. 11. 79
Milbenlarven (Fam. Trombidiidae) schmarotzen auf einem Grashüpfer (Chorthippus parallelus), Lautern SA 15. 9. 82

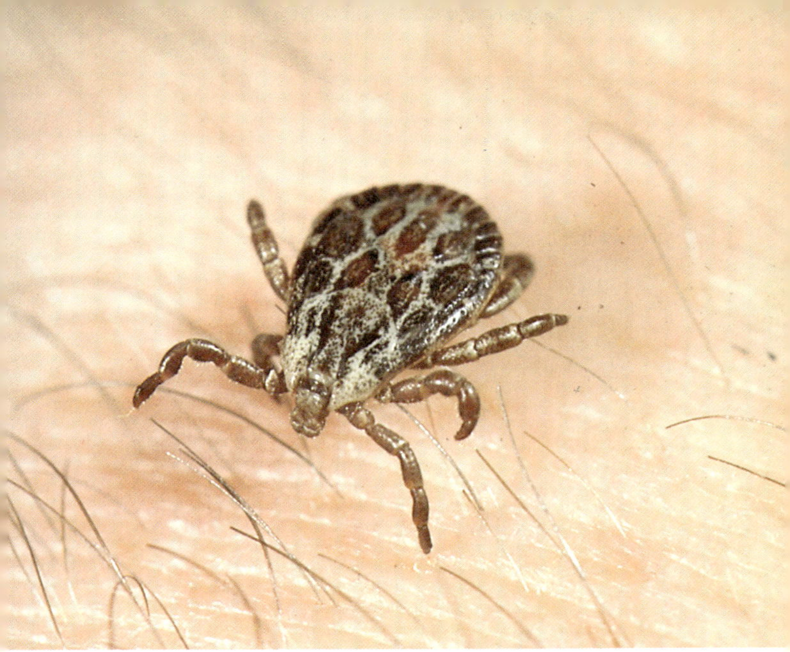

Verzeichnis der Fachausdrücke, Abkürzungen und Symbole

♂ Männchen
♀ Weibchen
adult ausgewachsen
Analhügel Erhebung am Hinterleibsende, in der der After mündet
Arthropoden Gliederfüßer (Insekten, Krebse, Spinnentiere)
Bulbus Anhang des männlichen Pedipalpus zur Spermaübertragung
Calamistrum Kräuselkamm am Metatarsus des 4. Laufbeins cribellater Spinnen, mit ihm werden feinste Kräuselfäden auf dickere Grundfäden gelegt
Chelicere 1. Extremität am Vorderköper der Spinnentiere, bei Spinnen mit Grundglied und Giftklaue
Colulus Rudiment des in der Embryonalentwicklung nachweisbaren, vorderen medianen Spinnwarzenpaares bei ecribellaten Spinnen
Coxa 1. Glied der Laufbeine und Pedipalpen
Cribellatae Kräuselfadenweberinnen, Spinnen mit Cribellum und Calamistrum, zum Beutefang werden Kräuselfäden gewoben
Cribellum Spinnsieb der cribellaten Spinnen, aus dem in der Embryonalentwicklung nachweisbaren, vorderen medianen Spinnwarzenpaar hervorgegangen, in ihm werden feinste Kräuselfäden produziert
dorsal rückenseitig
Ecribellatae Klebfadenweberinnen,Spinnen ohne Cribellum und Calamistrum, zum Beutefang werden Klebfäden gewoben (viele Arten ohne Fangnetz)
Embolus Bulbusspitze, wird vom Männchen in die weibliche Genitalöffnung eingeführt
Entelegynae Spinnen, deren Weibchen eine Epigyne und deren Männchen einen sehr kompliziert gebauten, in Ruhelage eingerollten Bulbus besitzen
Epigyne artspezifisch geformte Chitinplatte über der weiblichen Genitalöffnung entelegyner Spinnen, die nur arteigenen Männchen das Einführen des Embolus gestattet (Schlüssel-Schloß-Prinzip)
Extremitäten Gliedmaßen
Exuvie bei der Häutung zurückbleibende Körperhülle
Fächerlunge paariges Atemorgan der Spinnen: übereinander liegende Blätter in einem Hohlraum des Opisthosoma dienen dem Luftaustausch, der Hohlraum steht durch ein Stigma mit der Außenluft in Verbindung
Femur 3. Glied der Laufbeine und Pedipalpen
Gnathosoma vorderer Körperabschnitt der Milben, an dem Cheliceren und Pedipalpen ansetzen
Habitus Erscheinungsbild
Haematodocha Tasterblase männlicher entelegyner Spinnen, sie dient der Entfaltung des in Ruhelage zusammengerollten Bulbus
Haplogynae Spinnen, deren Weibchen keine Epigyne und deren Männchen einen einfach gebauten Bulbus besitzen
Hilfsspirale Fadenspirale, die bei der Herstellung eines Radnetzes der Stabilisierung des halbferti-

gen Netzes dient und später – beim Einbau der Fangspirale – wieder entfernt wird

Hysterosoma hinterer Körperabschnitt der Milben, Verschmelzungsprodukt des Opisthosoma mit den beiden letzten Segmenten des Prosoma

juvenil jugendlich

Kommentkampf ritualisiertes Kampfverhalten

Labidognatha Spinnen mit nach unten oder schräg nach vorn gerichteten Grundgliedern der Cheliceren und gegeneinander gerichteten Giftklauen

lateral seitlich

Mesosoma breiter, vorderer Abschnitt des Opisthosoma bei Skorpionen

Metasoma schmaler, hinterer Abschnitt des Opisthosoma bei Skorpionen

Metatarsus 6. Glied der Laufbeine, fehlt beim Pedipalpus

Nabe Zentrum eines Radnetzes

Ocellen Punktaugen

Opisthosoma Hinterkörper der Spinnentiere

Orthognatha Spinnen mit gerade nach vorn gerichteten Grundgliedern der Cheliceren und parallel zueinander ausgerichteten Giftklauen (Vogelspinnen i.w.S.)

Patella 4. Glied der Laufbeine und Pedipalpen

Pedipalpus 2. Extremität am Vorderkörper der Spinnentiere, bei Spinnen tasterförmig

Pedipalpenlade schildförmige Verbreiterung an der Pedipalpencoxa, die – gemeinsam mit der Unterlippe – den Mundvorraum nach unten abschließt

Propodosoma mittlerer Körperabschnitt der Milben, trägt die Laufbeinpaare 1 und 2

Prosoma Vorderkörper der Spinnentiere

Radien Speichen eines Radnetzes

Rahmenfaden äußerer Begrenzungsfaden eines Radnetzes

Retraite ausgesponnener Schlupfwinkel neben einem Fangnetz

S-00 Abbildungen im Bestimmungsschlüssel

Samenschlauch gewundener Schlauch im Bulbus, nimmt vor der Paarung das Sperma auf

Samentaschen paarige Hohlräume unter der weiblichen Genitalöffnung, die bei der Paarung das Sperma aufnehmen

Sektor der von zwei Radien begrenzte Bereich eines Radnetzes

Sexualdimorphismus unterschiedliche Gestalt der Geschlechter

Signalfaden Verbindungsfaden zwischen Fangnetz und Spinne

sp. species, Art, bezeichnet in abgekürzter Form eine Art, die sich nur bis zur Gattung, also der nächsthöheren Einheit, bestimmen ließ

Spermanetz kleines, meist gabelförmiges Gespinst, auf das das Spinnenmännchen einen Spermatropfen absetzt, den es dann mit dem Bulbus aufsaugt

Spermatophore Samenkapsel, die der indirekten Übertragung des Spermas dient (Skorpione, Pseudoskorpione)

Spinnspulen kanülenartige Haare auf Spinnwarzen und Cribellum, in denen die Spinndrüsen ausmünden

Stabiliment bandförmige Struktur in einem Radnetz, die vermutlich der Tarnung dient

Sternum Bauchplatte

Stigma schlitzförmige oder runde Öffnung der Atemorgane

Stirn steil abfallende Vorderseite des Prosoma

Stridulation zirpende Geräuscherzeugung

subadult im letzten Jugendstadium

Tarsus letztes Glied der Laufbeine und Pedipalpen

Tracheen röhrenförmige Atemorgane der Arthropoden

Trichobothrien gelenkig gelagerte, mit einer Nervenzelle verbundene Haare, mit denen Luftbewegungen wahrgenommen werden können

Trochanter 2. Glied der Laufbeine und Pedipalpen

Unterlippe vom Sternum abgeschnürte Platte, die – gemeinsam mit den Pedipalpenladen – den Mundvorraum nach unten abschließt

ventral bauchseitig

Verwendete Abkürzungen bei den Fundorten hinter den Bildlegenden:

BS	Bayerisches Schwaben
FR	Franken
KS	Kaiserstuhl
LH	Lüneburger Heide
NH	Nordhessen
OS	Oberschwaben
SA	Schwäbische Alb
SN	Südniedersachsen
( )	Studioaufnahme

Reihenfolge der Bildlegenden bei 4 Fotos auf einer Seite:
links oben, rechts oben, links unten, rechts unten

Kennzeichnung von Arten der Roten Liste (HARMS 1984):

2	stark gefährdet
3	gefährdet
4	potentiell gefährdet

Literaturverzeichnis

Bestimmungsbücher

CROME, W. (1967): Arachnida – Spinnentiere. In STRESEMANN, E.: Exkursionsfauna von Deutschland, Wirbellose I, 3. Aufl. Verlag Volk und Wissen, Berlin.

DAHL, F. (1926): Spinnentiere oder Arachnoidea I: Springspinnen (Salticidae). In DAHL, F.: Die Tierwelt Deutschlands. Gustav Fischer Verlag, Jena.

DAHL, F. u. M. DAHL (1927): Spinnentiere oder Arachnoidea II: Lycosidae s. lat. (Wolfspinnen im weiteren Sinne). In DAHL. F.: Die Tierwelt Deutschlands. Gustav Fischer Verlag, Jena.

DAHL, M. u. H. WIEHLE (1931): Spinnentiere oder Arachnoidea VI: Agelenidae – Araneidae. In DAHL. F.: Die Tierwelt Deutschlands. Gustav Fischer Verlag, Jena.

JONES, D. (1983): The Country Life Guide to Spiders of Britain and Northern Europe. Hamlyn Publishing Group, Feltham.

LOCKET, G. H. u. A. F. MILLIDGE (1951, 1953): British Spiders Vol. I u. II. Ray Society, London. Gemeinsamer Reprint 1975.

LOCKET, G. H., A. F. MILLIDGE u. P. MERRETT (1974): British Spiders Vol. III. Ray Society, London.

MARTENS, J. (1978): Weberknechte, Opiliones. In DAHL, F.: Die Tierwelt Deutschlands. Gustav Fischer Verlag, Jena.

PFLETSCHINGER, H. (1976): Einheimische Spinnen. Franckh'sche Verlagshandlung, Stuttgart.

REIMOSER, E., M. DAHL u. H. WIEHLE (1937): Spinnentiere oder Arachnoidea VIII: Gnaphosidae, Anyphaenidae, Clubionidae, Hahniidae, Argyronetidae, Theridiidae. In DAHL, F.: Die Tierwelt Deutschlands. Gustav Fischer Varlag, Jena.

ROEWER, C. F. (1928): Araneae, Echte oder Webespinnen. In BROHMER, P.: Tierwelt Mitteleuropas. Quelle & Meyer Verlag, Leipzig.

SAUER, F. u. J. WUNDERLICH (1982): Die schönsten Spinnen Europas. Fauna-Verlag, Karlsfeld.

SCHAEFER, M. (1971): Chelicerata. In BROHMER, P.: Fauna von Deutschland. 11. Aufl. Quelle & Meyer Verlag, Leipzig.

WIEHLE, H. (1953): Spinnentiere oder Arachnoidea IX: Orthognatha, Cribellatae, Haplogynae, Entelegynae (Pholcidae, Zodariidae, Oxyopidae, Mimetidae, Nesticidae). In DAHL, F.: Die Tierwelt Deutschlands. Gustav Fischer Verlag, Jena.

WIEHLE, H. (1956): Spinnentiere oder Arachnoidea X: Linyphiidae. In DAHL, F.: Die Tierwelt Deutschlands. Gustav Fischer Verlag, Jena.

WIEHLE, H. (1960): Spinnentiere oder Arachnoidea XI: Micryphantidae. In DAHL, F.: Die Tierwelt Deutschlands. Gustav Fischer Verlag, Jena.

WIEHLE, H. (1963): Spinnentiere oder Arachnoidea XII: Tetragnathidae. In DAHL, F.: Die Tierwelt Deutschlands. Gustav Fischer Verlag, Jena.

Bücher zur Lebensweise

BRISTOWE, W. S. (1971):The World of Spiders. 2. Aufl. Collins New Naturalist, London.

FOELIX, R. F. (1979): Biologie der Spinnen. Georg Thieme Verlag, Stuttgart.

KULLMANN, E. u. H. STERN (1975): Leben am seidenen Faden. Bertelsmann Verlag, München.

LOCK, F. (1939): Aus dem Leben der Spinnen. Schriften des deutschen Naturkundevereins. Verlag Hohenlohesche Buchhandlung Ferd. Rau, Öhringen.

NIELSEN, E. (1928-32):The Biology of Spiders. With Especial Reference to the Danish Fauna. 2 Vol. (I Englisch, II Dänisch). Lewin & Munksgaard, Kopenhagen.

PÖTZSCH, J. (1963): Von der Brutfürsorge heimischer Spinnen. Neue Brehm Bücherei. Ziemsen Verlag, Wittenberg.

SCHMIDT, G. (1980): Spinnen. Lehrmeister-Bücherei. Albrecht Philler Verlag, Minden.

WEYGOLDT, P. (1966): Moos- und Bücherskorpione. Neue Brehm Bücherei. Ziemsen Verlag, Wittenberg.

WIEHLE, H. (1949): Vom Fanggewebe einheimischer Spinnen. Neue Brehm Bücherei. Ziemsen Verlag, Wittenberg.

Spezielle Arbeiten

BECKER, H. (1983): Untersuchungen zur Biologie der Wespenspinne (Argiope bruennichi Scopoli). Zool. Anz. **210,** 14.

BRAUN, R. (1958): Das Sexualverhalten der Krabbenspinne Diaea dorsata (F.) und der Zartspinne Anyphaena accentuata (Walck.) als Hinweis auf ihre systematische Eingliederung. Zool. Anz. **160,** 119.

CROME, W. (1951): Die Wasserspinne. Neue Brehm Bücherei, Geest & Portig Verlag, Leipzig.

CROME, W. u. I. CROME (1961): Paarung und Eiablage bei Argyope bruennichi (Scopoli) auf Grund von Freilandbeobachtungen an zwei Populationen im Spreewald/Mark Brandenburg. Mitt. zool. Mus. Berlin **37,** 189.

CYMOREK, S. (1969): Trockenpräparation von weichhäutigen Kleintieren, insbesondere Arthropoden, und von Pflanzenteilen mit Dichlormethan-Eisessig-Silikagel. Natur und Museum **99,** 125.

DABELOW, S. (1958): Zur Biologie der Leimschleuderspinne Scytodes thoracica. Zool. Jb. Syst. **86,** 85.

ENGELHARDT, W. (1964): Die mitteleuropäischen Arten der Gattung Trochosa C. L. Koch 1848 (Araneae, Lycosidae). Morphologie, Chemotaxonomie, Biologie, Autökologie. Z. Morph. Ökol. Tiere **54,** 219.

ENGELHARDT, W. (1971): Gestalt und Lebensweise der „Ameisenspinne" Synageles venator (Lucas). Zugleich ein Beitrag zur Ameisenmimikryforschung. Zool. Anz. **185,** 21.

HARMS, K. H. (1984): Rote Liste der Spinnen (Araneae). In BLAB, J. et al. (Hrsg.): Rote Liste der gefährdeten Tiere und Pflanzen in der Bundesrepublik Deutschland. 4. Aufl. Kilda-Verlag, Greven.

HARZ, K. (1975): Eine neue Präparationsmethode von Spinnentieren. Articulata **1,** 2.

HORN, H. (1980): Die Bedeutung leerer Schneckengehäuse für die Überwinterung und das Brutverhalten von Pellens nigrociliatus L. Koch, 1874 in Steppenrasenformationen. Beitr. naturk. Forsch. SüdwDtl. **39,** 167.

JOB, W. (1968): Das Röhrengewebe von Aulonia albimana (Walckenaer) (Araneida: Lycosidae) und seine systematische Bedeutung. Zool. Anz. **180,** 403.

JOB, W. (1974): Beiträge zur Biologie der fangnetzbauenden Wolfspinne Aulonia albimana (Walckenaer 1805). Zool. Jb. Syst. **101,** 560.

KAESTNER, A. (1950): Reaktionen der Hüpfspinnen (Salticidae) auf unbewegte farblose und farbige Gesichtsreize. Zool. Beitr. **1,** 13.

KRAUS, O. u. H. BAUR (1974): Die Atypidae der West-Paläarktis, Systematik, Verbreitung und Biologie. Abh. Verh. naturwiss. Ver. Hamburg (NF) **17,** 85.

KULLMANN, E. u. W. KLOFT (1969): Traceruntersuchungen zur Regurgitationsfütterung bei Spinnen (Araneae, Theridiidae). Zool. Anz. Suppl. **32,** 487.

NØRGAARD, E. (1941): On the Biology of Eresus niger Pet. Entomologiske meddelser **22,** 150.

NØRGAARD, E. (1956): Enviroment and Behavior of Theridion saxatile. Oikos **7,** 159.

TRETZEL, E. (1961a): Biologie, Ökologie und Brutpflege von Coelotes terrestris. Teil I: Biologie und Ökologie. Z. Morph. Ökol. Tiere **49,** 658.

TRETZEL, E. (1961b): Biologie, Ökologie und Brutpflege von Coelotes terrestris. Teil II: Brutpflege. Z. Morph. Ökol. Tiere **50,** 375.

WEIGEL, G. (1941): Färbung und Farbwechsel der Krabbenspinne Misumena vatia. Z. vergl. Physiol. **29,** 195.

Register